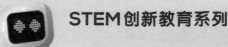

STEM创新教育系列

青少年学

三维图形化编程

史陈新 著

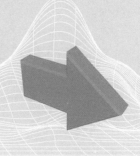

人民邮电出版社

北 京

图书在版编目（ＣＩＰ）数据

青少年学三维图形化编程 / 史陈新著. -- 北京：
人民邮电出版社，2024.1
（STEM创新教育系列）
ISBN 978-7-115-63026-1

Ⅰ．①青… Ⅱ．①史… Ⅲ．①三维－图形软件－程序
设计－青少年读物 Ⅳ．①TP391.41-49

中国国家版本馆CIP数据核字(2023)第201749号

内 容 提 要

本书基于三维图形化编程软件——沐木编程，通过简单有趣的编程任务，引导学生通过拖曳编程积木学会三维图形化编程。

本书共 9 章，第 1 章和第 2 章介绍沐木编程及编程的基本概念。第 3 章～第 5 章分为初级、中级和高级编程，分别以十二生肖为主要角色来设计项目任务，引导学生逐步熟练使用沐木编程，并能根据任务要求进行程序设计与开发。第 6 章～第 8 章通过 3 个编程挑战项目，帮助学生提升对沐木编程的掌握程度，深入理解各类编程积木的运用方法。第 9 章介绍绘本故事编程，强化学生对角色模型、事件模块和广播消息的综合运用能力。

本书旨在启发学生的想象力、创造力及培养他们的动手实践能力，帮助他们掌握使用三维图形化编程工具进行程序设计与开发的方法，切实提高他们的编程素养。

本书适合想要学习三维图形化编程的读者，尤其适合编程零基础或编程基础比较薄弱的中小学生学习，也可作为中小学信息科技相关课程的拓展教材。

◆ 著　　　　史陈新
　　责任编辑　李永涛
　　责任印制　王 郁　胡 南
◆ 人民邮电出版社出版发行　　北京市丰台区成寿寺路 11 号
　　邮编　100164　电子邮件　315@ptpress.com.cn
　　网址　https://www.ptpress.com.cn
　　北京捷迅佳彩印刷有限公司印刷
◆ 开本：700×1000　1/16
　　印张：8.5　　　　　　　2024 年 1 月第 1 版
　　字数：160 千字　　　　2024 年 1 月北京第 1 次印刷

定价：59.90 元

读者服务热线：(010)81055410　印装质量热线：(010)81055316
反盗版热线：(010)81055315
广告经营许可证：京东市监广登字 20170147 号

本书编委会

主　　编：史陈新

副主编：季茂生　王振强　史　远

编　　委：肖　明　金　文　刘建琦　田迎春　秦　源　吕学敏　马　郑

　　　　　刘　硕　郑志宏　殷　玥　孙成革　王　健　高思思　柳宏伟

　　　　　张海涛　孙雨漫　刘嘉琪　张　玮　成玲娜　王玥茗　刘　寅

　　　　　孙路瑶　李瑞雪　李　倩　石明伟　蒋晓欣　薛　晖

特约编辑：赵筱妹

序言1

　　思维训练在新课程改革和教育发展中的地位举足轻重，其中对计算思维、设计思维和空间思维等思维方式的培养在21世纪的教育教学活动中愈发重要。对这些思维方式的培养模式在众多中小学校积极推行STEM教育和创新教育模式的过程中，被视为关键和核心，并得到了广泛的实践和探索。针对中小学生须适应时代发展的培养需求，有利于培养学生创新思维的软件工具和配套教材的提供显得尤为重要。教育部等十八部门联合印发的《关于加强新时代中小学科学教育工作的意见》明确强调，应"在科学教育教材中加强国产软件应用引导"，从而为学生创新能力和实践能力的培养创造新的育人环境。

　　本书以三维图形化编程软件——沐木编程为支撑，聚焦于"编程""3D""空间"等主题，为学生提供了创新实践性和具身体验性的学习环境。首先，通过三维视角的编程学习方式，学生可以更好地理解前后、左右、上下、远近等概念，提高观察力、想象力和三维空间理解能力。学生可以在编程中全方位地融入"空间感"，将抽象知识转化成立体可见的三维物体，激发学习兴趣，达到体验探究性学习效果。而且三维视角的引入可以让学生更好地投入到自己创造的世界中，减少了软硬件设施的制约，学生可以在三维图形化编程软件中有更大的创作自由度，更好地发挥自身想象力。其次，基于沐木编程的多种可选择的编程积木和实现步骤，学生可以快速掌握编程软件的基本使用方法，提高逻辑思维能力并养成严谨的思维习惯；同时，在每一个项目任务中，都为学生提供明确、真实的调试目标，并确保程序正常有效运行，从而培养学生仔细检查的习惯，提高他们提出问题和解决问题的能力。最后，使用不同种类的编程积木设计不同的算法，基于算法应用重点培养学生的逻辑思维和计算思维。在自由编程创作过程中，学生亦综合运用了所学的物理、数学、空间等知识，能获得更接近专业创作者的思考模式和工作方式训练。

　　当前，随着数字化社会的发展，教育越来越注重培养学生的思维能力和数字素养，其中，中小学信息科技课程对中小学生的成长和发展有着重要的影响，教师不再过于注重理论知识的灌输，他们逐渐意识到信息科技课程对于学生发展的时代性作用，若在小学阶段就基于三维图形化编程课程开展信息科技教育，则更有利于激发学生兴趣，提升学生的核心素养。在教育领域，教育数字化战略行动带来数字化转型、智能化升级发展的新境界，教育现代化发展已经进入新阶段，创新的教育技术形态不断涌现，人工智能已成为世界科技竞争的方向，拥有编程思维和编程能力的大批创新型人才培养将极大地影响全社会的未来发展，教育工作者需要在计算思维的培养上有所突破，以帮助学生应对人工智能时代的学习和生活，并成为能为科技强国发展而奋斗的合格建设者。

北京师范大学教育学部　教授、博士生导师　李玉顺

序言2

亲爱的读者：

你正在阅读的是一本专门针对三维图形化编程的图书，这本书主要面向对计算机编程和图形学充满热情的青少年。在新一轮的基础教育课程改革中，由于人工智能技术的快速发展，计算思维已被纳入信息科技课程的重要体系之中。在数字化时代，科技发展日新月异，编程在青少年中越来越受欢迎。相较于代码编程，图形化编程直观易懂，降低了程序编写的难度，为广大学生提供了更多学习编程的机会。

本书的目标是引导读者从基本编程概念开始学习三维图形化编程，并逐步深入理解和掌握各种相关技术和工具。在书中，我们将借助沐木编程这一国产软件来深入探讨三维图形化编程的方式方法。通过学习，你将能够创建令人惊叹的虚拟世界，实现你的创意并将作品展示给朋友。当你的作品被他人使用的时候，那种感觉将无比美妙。

本书涵盖的知识点包括编程基础知识、编程软件的使用、程序结构（顺序、循环、分支）、变量（数字、布尔、文字）、运算符以及各种功能模块的使用。在学习的过程中，你可能会遇到各种挑战和困难。请放心，本书提供了大量的实例和练习，只要你认真学习并勤于练习，即便你是编程零基础的学习者，也能逐步掌握三维图形化编程技术，提升计算思维能力和数字素养。

最后，希望你能享受这个富有趣味性的学习过程，并希望你在学习过程中获得丰富的知识和宝贵的经验。

祝你成功！

北京市海淀区教育科学研究院　北京市正高级教师、特级教师　马涛

随着计算机和互联网技术的日益普及，智能化已深度融入各行业的各项服务中，物联网技术则进一步将智能化广泛应用于生活中的各种实物。这一发展趋势进一步推动了编程技术普及率的提升。编程技能对学生的成长，尤其是培养有效的思维模式具有很大的帮助。

沐木编程是一种独特的三维图形化编程软件，可以通过拖曳编程积木的方式进行指令设计，具有作品发布功能，并且支持开源硬件、VR设备和人工智能等接口。沐木编程可以支持学生在三维环境中编写脚本，创建作品并实现三维特效，同时可以全视角查看程序运行效果。发布的作品可以独立运行，并可打包成单独的 Windows 程序。

本书以"快乐学习知识，养成思考能力"为宗旨，介绍以十二生肖为游戏角色进行游戏编程，将编程知识融入具体情境中，可使学生在游戏中逐渐摸索出编程的规律，从而培养其编程思维。

本书基于以下培养宗旨进行编写。

（1）致力于激发学生的编程潜能，帮助学生在掌握三大基本程序逻辑结构的基础上，将复杂的数理问题转化为有条理的程序逻辑。同时，本书强调培养学生主动学习的精神，教导学生如何发现并纠正错误，对已完成的任务进行全面复盘。

（2）注重培养学生的专注力和洞察力。学生通过系统性的训练，可以学会如何将问题拆解为一个个更小的组成部分，并运用逻辑思维逐一解决。

（3）着重培养学生的科技特长。本书指导学生从单纯的玩游戏转变为自主编写游戏。通过学习编程语言和游戏设计原理，学生可以创造出属于自己的动画、故事、音乐和游戏，享受创造的乐趣。同时，学生还可以在实践中不断提高自己的编程技能，提升自己在科技领域的综合素质。

本书共分为9章，旨在引领学生掌握沐木编程的基本使用技巧和创意编程设计的基本思路及方法。此外，本书还特别结合中国传统文化，为十二生肖赋予了现代社会中的不同品质，学生在学习过程中，能够领悟到不同角色所具有的美好品性。

第1章主要介绍了编程是什么，以及学习编程对我们的帮助。此外，本章还详细解读了沐木编程的特点、功能及安装过程。

第2章通过编写一个基础程序，带领学生熟悉沐木编程的项目编辑器。

第3章～第5章分别介绍了初级、中级和高级难度游戏的程序编写，其中涉及钻研鼠、毅力牛、勇敢虎、谦让兔、正义龙、自主蛇、互助马、自律羊、创新猴、分享鸡、细心狗和诚实猪等游戏的开发，帮助学生快速掌握沐木编程的操作技巧。

第6章～第8章通过打地鼠、赛马和连连看3个编程挑战项目，让学生进一步熟悉沐木编程的操作过程，学习"运动""事件""控制"程序模块的使用方法，为后续游戏的制作奠定基础。

第9章展示了如何通过编程将绘本故事——"小蛇搭桥"制作成具有互动性的立体化作品。这是对学生在本书学习过程中所学知识的综合检验和提升。

最后，感谢所有为本书编写提供支持和帮助的朋友们。书中可能仍存在一些不足和缺陷，我们诚挚邀请广大读者批评指正。联系邮箱：liyongtao@ptpress.com.cn。

北京市数字教育中心（北京电化教育馆） 史陈新

目录

第1章

编程其实很简单

 亲爱的同学：

　　自1946年第一台计算机问世以来，计算机已有七十多年的发展历程。它现已广泛渗透至人类社会的各个角落，成为人们日常工作、学习和生活中不可或缺的实用工具。

　　编程语言是一种用于计算机理解的沟通工具。它们是由人类设计和编写的，以便计算机可以理解和执行指令。这些指令可以是简单的数学运算，也可以是复杂的逻辑运算。通过使用编程语言，我们可以让计算机执行各种任务，例如处理数据、运行程序、控制硬件等。

　　掌握编程能力后，我们可以更好地理解和利用计算机的工作原理，从而更高效地解决问题。我们可以编写代码来自动化重复的任务，优化算法以提高效率，开发新的工具和应用来改善工作流程。

　　通过学习与编程相关的知识和技能，我们可以逐渐形成计算思维、逻辑思维、设计思维。同时，我们亦能将已掌握的科学、技术、工程、数学和艺术方面的知识应用于实际操作和场景中。

　　在我们变得勇于探索、大胆实践的过程中，我们的自主学习能力会大大提高，编程会变得很简单。

1.1　学习编程对我们的帮助

1. 培养逻辑思维能力

　　逻辑思维是人类在探究外部世界时，运用概念、判断、推理等思维手段，能动地反映客观现实的理性理解过程。它在解析人们的思维模式及其运作规律的过程中被催生和成长。唯有经由逻辑思维，人们才能准确把握事物的本质和规律，进而认识和理解客观世界。逻辑思维代表了人类认知的高级阶段，也就是理性认知阶段。

编程是将自己的想法变成一个逻辑条理清晰、可以照此执行代码的过程。代码是以技术形式呈现的人类思维。我们调试程序的过程，实际上就是在调试我们的想法。软件开发专家杰拉尔德·温伯格曾说，"人们对自己正在谈论的内容往往只有一种模糊的认识，通过把这种认识转换成计算机程序，我学会了拨开迷雾的许多技能"。

编程不仅是一个将自然语言变换成逻辑语言的过程，更是一个不断试错的过程，在学生反复调试程序、修改程序中的错误的过程中，学生的思维严谨性也得到了锻炼，他们的思考更加全面，逻辑更加缜密。

2. 培养专注力

在编写程序的过程中，如果少写一个字母或在某一行末尾少一个分号，程序运行就会报错，如果程序出现逻辑问题更会导致程序无法正常运行或者运行失败。在程序中排查错误也称找"bug"，在找"bug"的过程中充满了乐趣和挑战，学生会逐渐养成做事仔细、专注的好习惯。

3. 培养学生自信力

当学生完成某件事并得到他人的认可时，有助于增强自信心。同样，在编程过程中，每一次调试，每一步调整，每一次效果的完美呈现，都会让学生参与交流的时候更加自信，有更多的话题。而每一个新发现都会让学生增强自信心、激发兴趣，更深入学习编程。

4. 培养计算思维

计算思维被称为"21世纪必备能力"，它对每个人都很重要。学习计算思维对于了解数字世界的运作方式、利用计算机的力量解决棘手的问题以及成就伟大的事业至关重要！

2006年周以真教授提出计算思维的概念："计算思维是运用计算机科技的基础概念进行问题求解、系统设计以及人类行为理解等涵盖计算机科学之广度的一系列思维活动。"

学生在学习编程的过程中，基于计算机科学来分析问题（顺序—重复—分支）、解决问题（调试—优化—重构），在不断训练中培养计算思维，从而能够更好地应对未来的变化。

5. 培养创新能力

创新能力属于一种复杂的综合性能力，褚宏启教授认为培养学生创新能力的中心任务是培养其创新性思维，其中包括发散性思维、元认知能力和批判性思维。对于创新而言，主要源于对于问题的解决。在具体的学科教学过程中，教师通过创设真实的问题情境，引导学生对所遇到的问题进行分析、解决，在这个过程中，学生的创新性思维得到了训练及提升。

　　"做中学"理论要求通过对实践过程中的感知形成知识，强调实践的重要性。基于三维图形化编程的课堂学习活动实际上就是一个"做中学"的过程——教师创设情境，学生在情境中自主探究或者以小组协作的形式，完成三维空间的建模设计，最后解决问题，最终培养学生的创新能力。

　　心理旋转能力即人在头脑中运用表象对物体进行二维或者三维的旋转能力，是发挥创新思维的必要条件。利用心理旋转可以实现空间能力的评估，对于诸多发明创造而言，都是依赖空间能力，因此空间思维能力的培养是创新能力发展的重要途径之一。在三维图形化编程学习中，除去编程算法外，最考验学生的内容就是三维空间思维能力，利用三维空间设计可以有效培养学生的创新能力。

6. 培养知识综合运用能力

　　编程是一种跨学科的学习，它强调知识跨界、场景多元、问题生成、批判建构、创新驱动，既体现出知识综合化、实践化、活动化的诸多特征，又反映了回归生活、回归社会、回归自然的本质诉求。在学习过程中是对科学、技术、工程、数学等各种学科的综合运用，属于 STEM 创新教育。近些年，国家对 STEM 课程的建设尤为重视，更是将科技创新提升到了国家重大战略的地位。

7. 培养自主学习习惯

　　学生在编程过程中，需不断思考并寻找解决程序问题的方法。他们可以通过查阅资料或向教师请教等方式来寻找解决方案。每当学生成功解决问题，这会给他们带来喜悦，这种喜悦感反过来又能刺激他们的学习积极性。随着时间的推移，这种解决问题的习惯将逐渐形成并培养，学生将自然尝试自主解决生活或课业中的问题，从而有效培养他们的自主学习习惯。

8. 构建一个国际交流的环境

　　很多科技界的名人从小开始学习编程，如乔布斯 11 岁开始编程，创办了苹果公司；比尔·盖茨 13 岁开始编程，创立了微软公司；扎克伯格 10 岁开始编程，创立了 FaceBook；埃隆·马斯克 10 岁开始编程，创立了特斯拉公司。编程的世界中，技术开源是一种流行模式，学生可以通过各种流行的技术了解全球各地开发者的思想、行为，慢慢成为其中的一员，这样就构成了一个国际的交流环境，可以相互交流、学习与分享。

1.2　学习前的准备

　　我们在学习三维图形化编程之前，先认识一下沐木编程这款三维图形化编程软件，了解沐木编程的功能、特点，以及如何下载和安装。

1.2.1 认识沐木编程

沐木编程是国内拥有完全自主知识产权的三维图形化编程软件，图1-1所示为利用该软件设计的程序。沐木编程使用积木式程序指令在三维舞台环境中对角色进行操作，学生能够在三维环境中制作各种多媒体交互作品，并且可以结合VR技术和智能硬件实现更加真实的交互体验。

图1-1

沐木编程可以实现顺序、分支、循环等控制功能，并具有公有变量、共享变量、私有变量、自定义函数、递归等高级编程功能。沐木编程以事件驱动，包含事件、控制、运算、侦测、变量、外观、特效、运动、环境、声音、自定义积木、智能硬件、人工智能等13大类，超过180种编程积木，如图1-2～图1-5所示。使用编程积木可以控制角色位置、尺寸、方向、颜色、运动方式等，以及虚拟世界环境、光照强度、重力、仿真碰撞等。

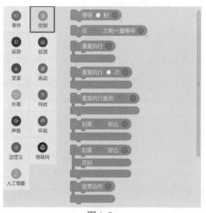

图1-2

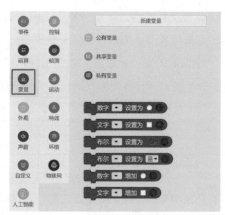

图1-3

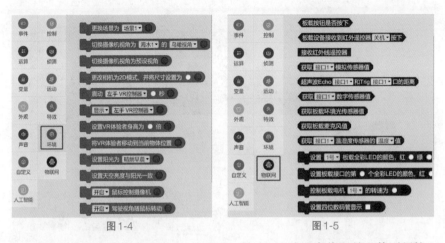

图 1-4　　　　　　　　　　　　　　　图 1-5

　　沐木编程支持开源硬件直接编程，如图 1-6 所示，生成程序代码并上传到硬件上，使硬件可以脱离计算机实现对应功能。支持为开源硬件上传底板程序，使开源硬件无须上传程序代码即可快速实现相应功能，并且可以通过有线或无线与软件作品进行通信，实现软硬件之间的双向互相控制功能。提供与硬件相对应的编程积木，可以支持包括 LED 灯、避障传感器、红外循迹传感器、超声波传感器、温湿度传感器、摇杆、按键、水银开关、光敏传感器、电位器、4 位数码管、干簧管、触摸传感器、调速电机、舵机等多种传感器和输入输出设备。支持第三方硬件机器人，可以对机器人的各个关节进行细微控制，或者直接指挥机器人做出某种动作。

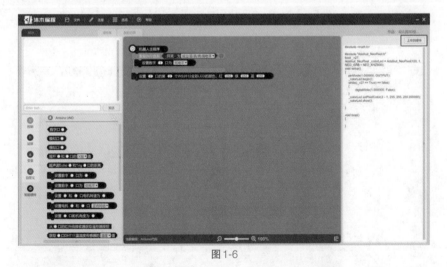

图 1-6

　　沐木编程支持制作 VR 作品，如图 1-7 所示，可以一键切换到 VR 设备。支持 SteamVR 标准 VR 硬件设备，实现 VR 设备的即插即用。具有支持 VR 硬件设备的相关编程积木，包括 VR 虚拟尺寸、VR 头盔、VR 手柄等硬件的相关数据的获取、设置、检测等功能。

图 1-7

沐木编程提供海量的编程素材，如图1-8所示，包括10个场景库、基础模型库（大写字母、符号、基础素材包、木质积木、阿拉伯数字共589个）、声音库（默认声音、背景音乐、动物、动作、生活、声效、自然环境共260个）、9个天空布景、我的编程世界（A—安全、B—兵器、C—材质积木、C—餐具、C—厨具、C—传统艺术、D—地图、D—冬奥、D—动物、G—工具、G—国家名称（文字）、H—害虫、H—环保、H—环境、J—机器人、J—机械、J—建筑、J—交通+设施、J—居家、P—拼图、Q—其他、R—人物、S—商务、S—食物、S—手势、S—数字、T—太空+火箭、T—图片、W—玩具、W—文字、W—物品、X—校园系列、X—形状、X—学习用品、Y—乐器、Y—医疗、Y—游乐园、Y—运动、Z—植物、Z—装饰、Z—字母共2000个）。

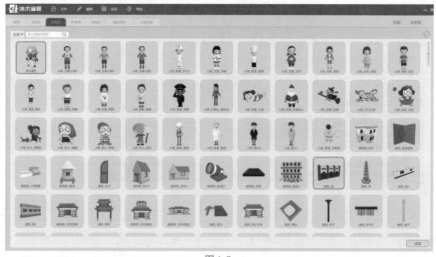

图 1-8

1.2.2　沐木编程的特点

（1）独特的三维环境的创作工具。

沐木编程可以在三维环境中编写脚本，通过三维角色和场景创建作品，实现三维特效，并且可以全视角地查看程序运行效果，如图1-9所示。

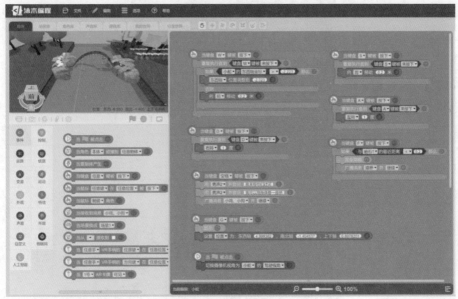

图1-9

（2）可视化的编程方式。

通过拖放编程积木拼接成脚本进行程序设计，既降低了指令记忆的难度，也避免了语法错误，让使用者更专注于思考如何解决问题。

（3）发布的作品可独立运行。

沐木编程具有作品发布功能，可以将作品打包成单独的Windows程序，使其脱离开发环境独立运行。

（4）丰富的扩展功能。

支持开源硬件，支持VR设备，具有人工智能等接口。

1.2.3　软件下载与安装

（1）安装的必备条件。

● 操作系统：Windows 7/10/11，支持64位的版本。

● 计算机硬件：CPU要求3.0GHz及以上，内存要求4GB及以上，可用磁盘空间不低于2GB。

（2）登录沐木教育官网下载安装程序，如图1-10所示。

图1-10

（3）启动安装程序。

以系统管理员身份直接双击下载的安装程序，如图1-11所示。运行后会弹出安装界面，如图1-12所示。

图1-11   图1-12

（4）选择安装位置并安装。

选择好安装位置后单击"立即安装"按钮，如图1-13所示。

图1-13

（5）安装成功并启用。

软件安装成功后，双击软件的快捷启动图标启动软件，复制机器码，通过扫描二维码添加微信进行授权，如图1-14所示，注册后即可使用。

图1-14

（6）卸载。

卸载沐木编程非常简单，和卸载Windows中的其他应用程序一样，直接在控制面板中选择"添加或删除程序"，并在其中选择沐木编程进行卸载。

1.3　小结

本章主要介绍了沐木编程的特点、功能、安装及卸载等。在接下来的章节中，同学们将学习沐木编程的使用，学习编程技巧。在学习编程的过程中，同学们的逻辑思维、计算思维、创新思维的能力也会得到锻炼和提高。

第2章

走进三维图形化编程世界

▶ 亲爱的同学：

通过第1章的学习，我们已经认识了沐木编程这款三维图形化编程软件，接下来认识一下软件的编程界面、三维坐标系并尝试编写一个简单的小程序，相信你一定能完成。

2.1 认识沐木编程界面

沐木编程的编程界面如图2-1所示，主要包含菜单栏、角色工具栏、舞台区、编程积木区、编码区、场景与角色区，下面我们分别认识一下。

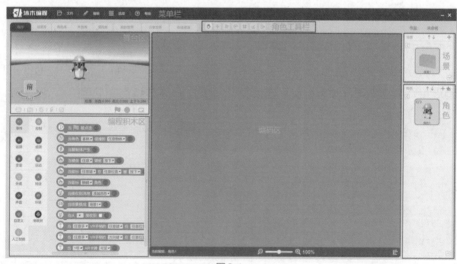

图2-1

1. 菜单栏

菜单栏位于软件窗口的左上方，提供了【文件】【编辑】【选项】【帮助】4个菜单，如图2-2所示。

图2-2

（1）【文件】菜单。

【文件】菜单包括【新建】【打开】【保存】【另存为】【发布】【打开FBX导入】【退出】命令，如图2-3所示。利用【发布】命令可以把编程结果发布成.exe格式的文件，如图2-4所示，该文件可脱离编程软件环境独立运行。

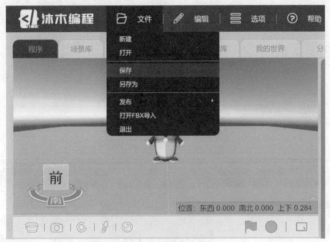

图2-3

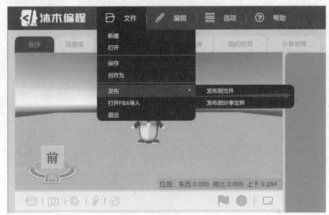

图2-4

（2）【编辑】菜单。

【编辑】菜单包括【撤销】【重做】【插入】【删除】【重命名】【对齐】【复制】【链接】【材质】【身份】【消息】命令，如图2-5所示。选择【插入】/【图文框】命令，如图2-6所示，可以插入一个二维图文框。

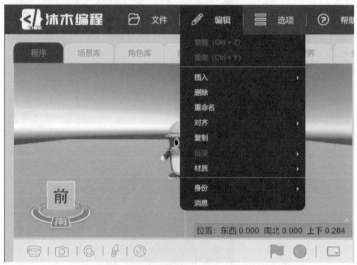

图2-5

图2-6

（3）【选项】菜单。

【选项】菜单包括【编程模式】【特效】【版本】命令，编程模式包括3D、Arduino

两种，如图2-7所示。默认为3D模式，当选择Arduino模式后会切换成图2-8所示的
界面。

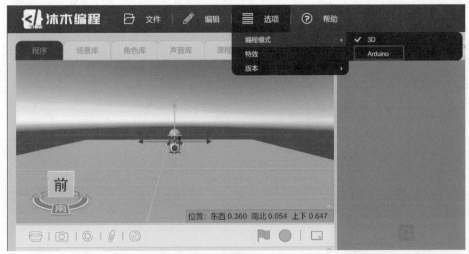

图2-7

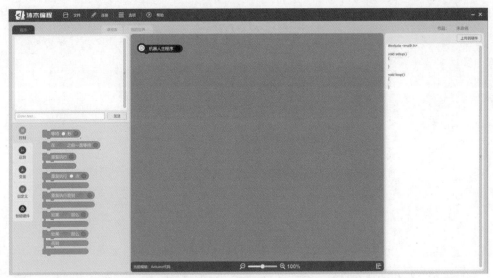

图2-8

【特效】命令的主要功能是调整分辨率、阴影质量、灯光数量、全屏抗锯齿，如图2-9
所示，让低配置的计算机可以流畅运行。如果计算机运行流畅则不用调节，保持默认设置
即可。

（4）【帮助】菜单。

【帮助】菜单的功能是查看软件的版本信息及软件的官方联系方式等，如图2-10所示。

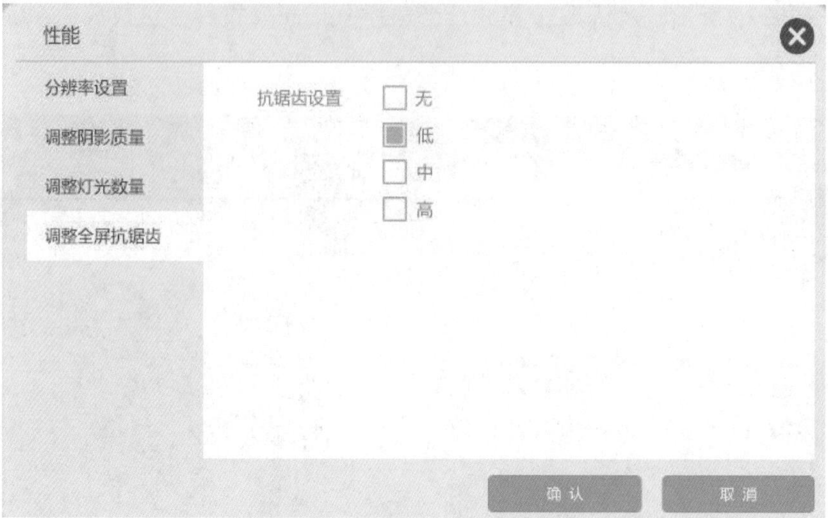

性能
分辨率设置
调整阴影质量
调整灯光数量
调整全屏抗锯齿
抗锯齿设置
无
低
中
高
确 认
取 消

图2-9

沐木编程
版本号：V3.1.0.0b 教育版
剩余天数：239 天
注册
版权所有：沐木(北京)教育科技发展有限公司

图2-10

2. 舞台区

舞台区是编辑角色和显示运行效果的区域，如图2-11所示。可以使用工具按钮对舞台区中的对象进行简单编辑，在程序运行模式下还可以通过不同视角查看程序的运行效果。舞台区的上方有【程序】【场景库】【角色库】【声音库】【分享世界】【我的世界】选项卡，单击不同的选项卡可以切换到相应的操作界面。舞台区下方左侧一排按钮的功能分别是切换VR模式、设置场景视角、恢复场景视角、取色和编辑角色，舞台区下方右侧3个按钮的功能分别是开始运行、停止运行和全屏显示。位置表示当前角色的东西、南

北、上下坐标值。"前"表示当前观看舞台的视角，当按住鼠标右键移动鼠标时，视角会发生相应的变化。

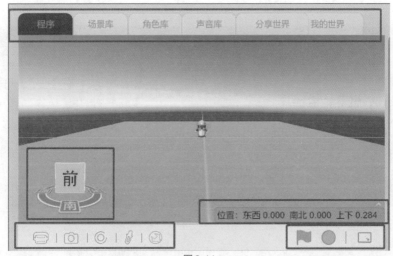

图2-11

　　在沐木编程中，角色和场景都放置在舞台中，如图2-12所示。当程序运行时，角色外观和位置等属性的变化都会呈现在舞台上。和一些二维编程软件不同，沐木编程是一个基于三维环境的创作和编程软件，因此沐木编程中的舞台也是一个三维环境下的舞台。我们可以从任意视角查看舞台中的角色和场景：按住鼠标左键在舞台中拖曳，可以左右或上下平移舞台视角；按住鼠标右键拖曳，可以转动舞台视角；滚动鼠标滚轮可以缩放舞台视图大小。

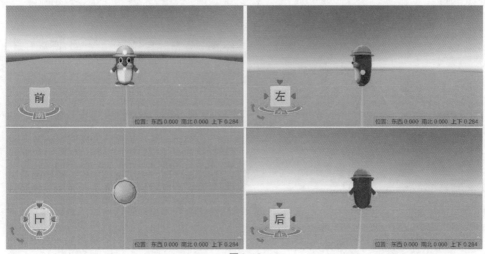

图2-12

3. 场景和角色区

场景和角色区显示当前项目中使用的场景和角色的缩略图，如图2-13所示。右键单击场景或角色，可以利用弹出的菜单对场景或角色进行重命名、删除等操作。

图2-13

结合舞台区上方的选项卡可以对场景和角色进行管理，如添加场景或角色，如图2-14所示。

图2-14

4. 编程积木区

编程积木区提供"事件""控制"等13类编程指令积木模块，如图2-15所示。

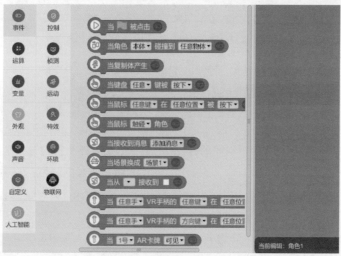

图2-15

5. 编码区

可以将编程积木区中的指令积木拖放到编码区进行拼接，如图2-16所示，完成程序的编写。

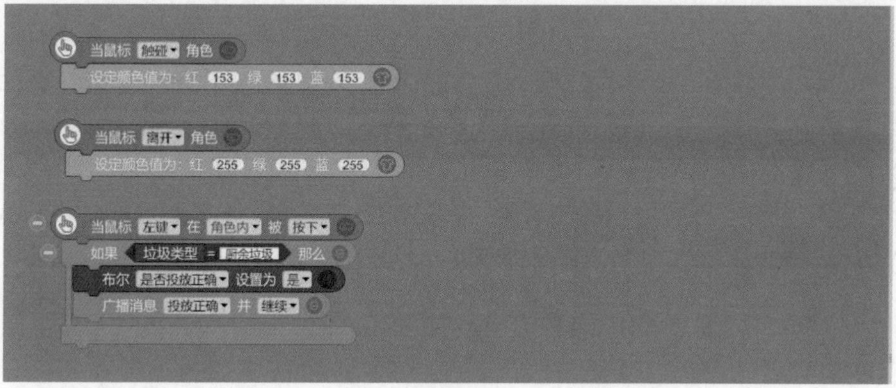

图2-16

2.2 三维图形化编程中的坐标系

在二维环境中，明确一个物体的位置仅需使用两个坐标即可，而在三维场景中，则必须运用三维坐标系。通常，我们在平面坐标系中用x轴和y轴来呈现对象的位置。而在沐木编程的舞台中，我们采用的是三维坐标系，如图2-17所示。此坐标系增加了深度元素，即z轴，因此舞台上的角色均呈现出立体感，使我们能从各个角度进行观察，从而加强了身临其境的效果。

图2-17

　　沐木编程将三维坐标与生活空间的方位相互融合，将三维坐标构造为东西、南北、上下几个方向。东西方向与x轴对应：东对应x轴正方向，西对应x轴负方向；南北方向和y轴对应：北对应y轴正方向，南对应y轴负方向；上下方向和z轴对应：上对应z轴正方向，下对应z轴负方向，舞台中心的坐标为（0，0，0）。

2.3　角色控制

　　在沐木编程中，角色是最小的控制单位，角色可以从角色库中导入，也可以将利用沐木编程创作的其他作品作为角色导入。场景中的每个角色都是3D模型，有长、宽、高等属性。添加到场景中的角色，可以进行大小、位置、方向等调整。

图2-18

　　当角色被选择后，角色上会出现一个控制器，分别使用红、绿、蓝3种颜色，表示x轴、y轴、z轴3个坐标方向及对应方向的控制杆，如图2-18所示。在控制杆的箭头处按住鼠标左键拖动，可以对控制杆执行相应的移动或旋转等操作。如果要同时选择多个角色，可以使用组合键Ctrl+Shift+鼠标左键来完成。

　　舞台左下角有一个快捷工具 ⬚ ，利用它可以快速切换视角；舞台右下角显示当前角色的三维坐标，如 位置 X:0.00 Y:0.00 Z:0.23 。在沐木编程中，距离的默认单位是米，因此，这里表示的分别是x轴0米、y轴0米和z轴0.23米。

　　在窗口上方有一排功能按钮 ⬚⬚⬚⬚⬚⬚⬚⬚ ，可以对舞台上的角色进行简单的编辑，包括更改角色的位置、方向、大小等属性。

　　● ⬚：拖曳画面，如图2-19所示。这个按钮被选中时，按住鼠标左键左右或上下拖曳，可以横向或纵向改变舞台视角。

　　● ⬚：按世界坐标移动，如图2-20所示。选中这个按钮后，舞台上被选中的角色上会出现红、绿、蓝3个带箭头的控制杆，控制杆上有表示方向的文字，与世界坐标系的坐标轴相对应：东西（x轴）、南北（y轴）、上下（z轴），3条轴线的交点是这个角色的原点，角色在舞台上的坐标是由这个交叉点位置决定的。按住鼠标左键拖动任何一个控制杆，都可以沿着杆上箭头所指示的方向移动角色，从而在舞台上改变角色的位置。

图2-19　　　　　　　　图2-20

- ❖：按自身坐标移动，如图2-21所示。这个按钮的作用和❖相似，同样可以改变角色的位置，只是当选择这个按钮后，在角色上出现的控制杆上显示的文字不是东西、南北、上下，而是前后、左右、上下，因为这个功能是以当前角色作为参照。
- ↻：旋转，如图2-22所示。选中这个按钮，当前角色上的3个控制杆变成了环形，拖动环形控制杆上的箭头，可以改变当前角色的方向。

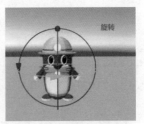

图2-21　　　　　　　　图2-22

- ⤢：缩放，如图2-23所示。通过这个按钮可以在舞台上改变角色的尺寸，选中这个按钮后，当前角色上会显示3个控制杆，每个控制杆顶端有一个小正方体，单击并拖动它可以改变角色的大小。3个控制杆上显示的数值对应当前角色的长、宽、高，单位是米。
- ✐：修改旋转中心，如图2-24所示。三维舞台中的每个角色都有一个原点，也是这个角色的旋转中心，当角色产生旋转运动的时候会围绕这个点来进行。这个按钮的作用是修改当前角色的旋转中心的位置，选中这个按钮后，在当前角色上也会出现红、绿、蓝3个控制杆，拖动控制杆可以移动旋转中心，即3个控制杆的交叉点。

图2-23　　　　　　　　图2-24

-  ：拖曳复制，如图2-25所示。当按钮被按下后，当前角色上会显示3个控制杆，拖动其中任何一个，将会沿着这个控制杆上箭头所指的方向对当前角色进行复制，复制的数量由鼠标移动的距离决定，反向移动鼠标会缩减复制出的角色，直至恢复到初始状态。

图 2-25

2.4 编写第一个程序

现在我们尝试编写第一个程序：在舞台区任意位置单击，让默认角色小地鼠移动到鼠标指针所在的位置。

2.4.1 编写第一行代码

1. 在编程积木区单击"事件"模块，如图2-26所示。

图 2-26

2. 在"事件"模块中找到"当鼠标任意键在任意位置被按下"积木，单击选择该积木，如图2-27所示。

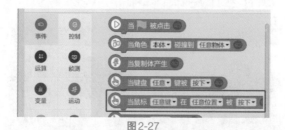

图 2-27

3. 按住鼠标左键拖动该积木到编码区，如图2-28所示。

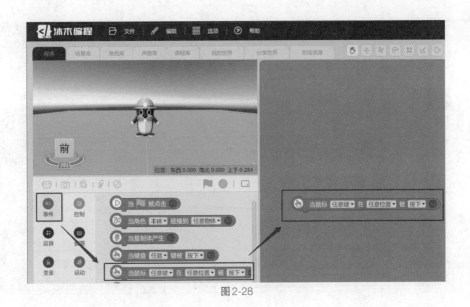

图 2-28

2.4.2 积木编码的拼接

1. 在编程积木区单击"运动"模块，如图 2-29 所示。

图 2-29

2. 在"运动"模块中找到"移动到角色1位置"积木，单击选择该积木，如图 2-30 所示。

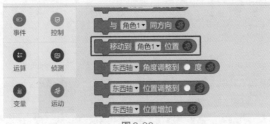

图 2-30

3. 按住鼠标左键拖动该积木到编码区，与"当鼠标任意键在任意位置被按下"积木进行拼接，如图 2-31 所示。

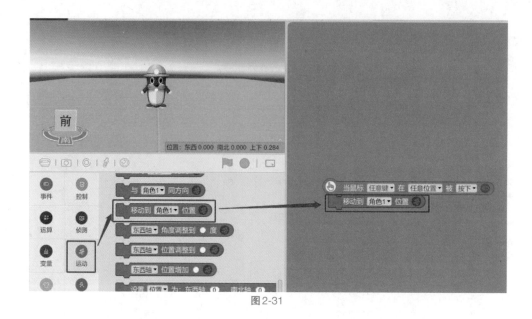

图2-31

2.4.3 设置编码中的选项

单击"角色1"右边的下拉箭头，会显示图2-32所示的下拉列表，其中包含"角色1""鼠标""左手VR控制器""右手VR控制器""VR头盔""玩家"6个选项，单击选择"鼠标"选项，完成后如图2-33所示。

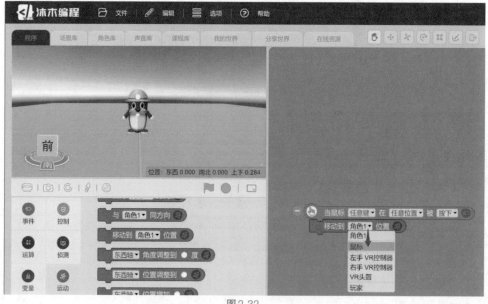

图2-32

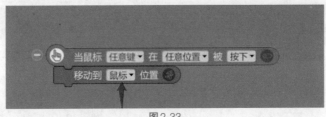

图2-33

2.4.4　运行程序看效果

1. 单击舞台区右下方的 ▥ 图标运行程序，如图2-34所示。单击 ● 图标可停止程序运行，单击 ⬚ 图标可放大舞台窗口。

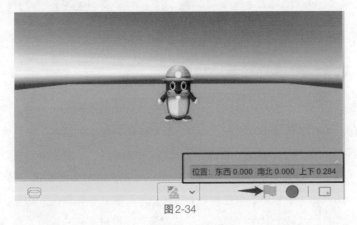

位置：东西 0.000 南北 0.000 上下 0.284

图2-34

2. 在舞台区任意位置单击，小地鼠会移动到鼠标指针所在位置，如图2-35所示。

位置：东西 1.044 南北 0.039 上下 0.536

图2-35

3. 观察每次小地鼠移动后，位置的变化。

4. 程序运行后，编码区会提示"运行中"，如图2-36所示。

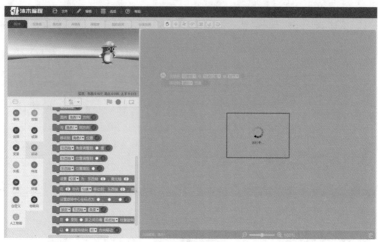

图 2-36

2.5　小结

本章我们认识了沐木编程的界面、三维图形化编程中的坐标系，并通过沐木编程编写了第一个程序。编程角色的世界坐标、自身坐标移动等需要多加练习，角色大小调整及旋转也应反复练习。我们可以通过"角色库"或者"在线资源"，多添加一些新角色，搭建一个有趣的场景，比如海上旅行家，如图 2-37 所示，或者森林中小动物、钻研鼠的家等，达到练习的目的。沐木编程中的角色库分为"角色库"和"在线资源"两类，我们可以在舞台区上方的栏目中找到，其中"角色库"是安装到计算机本机的资源，角色库中的资源可以通过帮助文档或联系官网获取，"在线资源"需要在连接互联网的情况下进行使用。

图 2-37

第3章

初级难度游戏编程

本章我们来学习几个初级难度的游戏编程，分别是钻研鼠、毅力牛、勇敢虎、谦让兔。

3.1 钻研鼠

鼠，十二生肖之首。老鼠小巧玲珑，行动敏捷。

本节我们就借助鼠的特点，来设计一个钻研鼠钻地的游戏。

3.1.1 游戏分析

钻研鼠在地里钻来钻去，首先从地面钻入地下，从左边钻出；然后从左边钻入地下，从右边钻出；接着从右边钻入地下，从后边钻出；最后从后边钻入地下，从最开始的地方钻出。游戏场景如图3-1所示。

图3-1

3.1.2　游戏设计

1. 模型搭建

添加钻研鼠角色，如图3-2所示。

图3-2

在角色区中单击 ➕ 按钮，打开角色库，单击【在线资源】选项卡，选择需要的角色进行添加即可，如图3-3所示。

图3-3

2. 动作设计

角色的动作比较简单，主要是钻研鼠钻地的动作。

（1）钻研鼠向下钻地的动作设置。

当"绿旗"被点击时，钻研鼠从地面向下钻入1米，程序设置如图3-4所示。

图3-4

（2）钻研鼠从左侧钻出地面的动作设置。

钻研鼠从地下1米处向左侧平行移动1米，再向上钻出地面，程序设置如图3-5所示。

图3-5

（3）钻研鼠从右侧钻出地面的动作设置。

钻研鼠首先从地面向下钻入1米，然后向右侧平行移动2米，最后向上钻出地面，程序设置如图3-6所示。

图3-6

（4）钻研鼠从后面钻出地面的动作设置。

钻研鼠首先从地面向下钻入1米，然后向左侧平行移动1米，接着向后面平行移动1米，最后向上钻出地面，程序设置如图3-7所示。

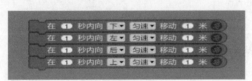

图3-7

（5）钻研鼠从前面钻出地面的动作设置。

钻研鼠首先从地面向下钻入1米，然后向前面平行移动2米，接着向后面平行移动1米，最后向上钻出地面，程序设置如图3-8所示。

图3-8

（6）钻研鼠钻出地面的特效设置。

钻研鼠每次从地面钻出时都会有星星闪烁的效果，所以需要在钻研鼠每次钻出地面时进行特效设置，程序设置如图3-9所示。

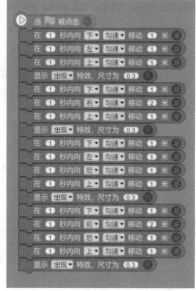

图 3-9

3.1.3 创新设计

通过刚才的设计，基本完成了游戏的编程，大家在测试的过程中发现什么问题了吗？有什么其他的解决方案呢？

（1）怎样让钻研鼠随心所欲地钻地呢？如何简单操作呢？

（2）能让钻研鼠钻地后出现不同的效果吗？

还有哪些改进意见，让我们集思广益完善这个作品。

3.2 毅力牛

牛，十二生肖之一，有着壮实的身躯，一般情况下不会生病。它勤勤恳恳地工作，任劳任怨，收获的时候也从不要求给予更多的赏赐。

本节我们就借助牛的特点，来设计一个毅力牛走正方形的游戏。

3.2.1 游戏分析

毅力牛在地面上走来走去，首先从原地左转90°，向前移动；然后再左转90°，向前移动；接着再左转90°，向前移动；最后再左转90°，向前移动，到达原先的位置。游戏场景如图3-10所示。

图3-10

3.2.2 游戏设计

1. 模型搭建

添加毅力牛角色，如图3-11所示。

图3-11

注意： 添加毅力牛角色的步骤如图3-12和图3-13所示。刚刚添加的角色的位置和大小都不合适，这时需要移动毅力牛的位置并改变它的大小，需要使用软件提供的"按世界坐标移动"和"缩放"功能，选择角色进行操作，如图3-14和图3-15所示。

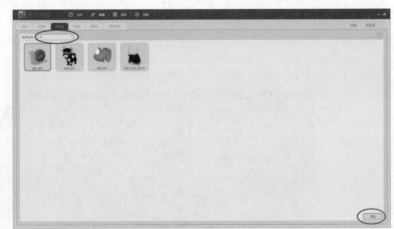

图3-12 图3-13

图3-14

图3-15

2. 动作设计

角色的动作比较简单，主要是毅力牛转向走路的动作。

（1）毅力牛向左移动的动作设置。

毅力牛向左转动90°后，在1秒内向前匀速移动1.5米，程序设置如图3-16所示。

图3-16

（2）毅力牛重复移动的动作设置。

当单击毅力牛这个角色时，毅力牛重复执行左转90°并向前移动1.5米的任务，直到空格键被按下时任务结束。所以在这里我们需要使用"重复执行直到"的方法并赋予条件，程序设置如图3-17所示。

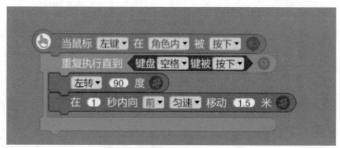

图3-17

3.2.3 创新设计

通过刚才的设计，基本完成了游戏的编程，大家在测试的过程中发现什么问题了吗？有什么其他的解决方案呢？

（1）怎样让毅力牛按照不同的角度进行行走呢？如何操作？

（2）能让毅力牛移动后出现不同的效果吗？

（3）如何让毅力牛加速或减速移动呢？

还有哪些改进意见，让我们集思广益完善这个作品。

3.3 勇敢虎

虎，十二生肖之一。老虎是万兽之王，人们将其视为一种神秘而不可侵犯的动物，并用谈虎色变来形容对老虎的畏惧。

本节我们就借助虎的特点，来设计一个勇敢虎旋转的游戏。

3.3.1 游戏分析

勇敢虎在地面上转来转去，左边的勇敢虎先向左减速旋转360°，再向右加速旋转360°；中间的勇敢虎先向右减速旋转360°，再向左加速旋转360°；右边的勇敢虎先向左匀速旋转360°，再向右匀速旋转360°。游戏场景如图3-18所示。

图3-18

3.3.2 游戏设计

1. 模型搭建

添加勇敢虎角色，如图3-19所示。

图3-19

注意: 如果需要实现3只勇敢虎单独旋转的效果，就不能使用拖曳复制的功能，而是要一个一个地添加勇敢虎角色，这样才能使3只勇敢虎单独完成不同的旋转任务。并且3只勇敢虎在舞台区的位置不同，旋转的方式也不同，这里必须单独设置。

---

2. 动作设计

角色的动作比较简单，主要是通过单击勇敢虎，实现勇敢虎向不同方向旋转的动作。

（1）左边勇敢虎旋转的动作设置。

根据游戏分析，单击左边的勇敢虎，使其重复执行在1秒内减速左转360°；右击左边的勇敢虎，使其重复执行在1秒内加速右转360°。在这里我们必须使用"重复执行"的方法并赋予条件，勇敢虎才能顺利进行旋转，程序设置如图3-20所示。

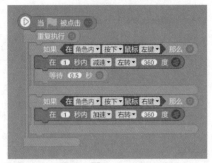

图3-20

（2）中间勇敢虎旋转的动作设置。

根据游戏分析，单击中间的勇敢虎，使其重复执行在1秒内减速右转360°；右击中间的勇敢虎，使其重复执行在1秒内加速左转360°。在这里我们也必须使用"重复执行"的方法并赋予条件，勇敢虎才能顺利进行旋转，程序设置如图3-21所示。

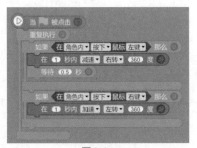

图3-21

（3）右边勇敢虎旋转的动作设置。

根据游戏分析，单击右边的勇敢虎，使其重复执行在1秒内匀速左转360°；右击右边的勇敢虎，使其重复执行在1秒内匀速右转360°。在这里我们也必须使用"重复执行"的方法并赋予条件，勇敢虎才能顺利进行旋转，程序设置如图3-22所示。

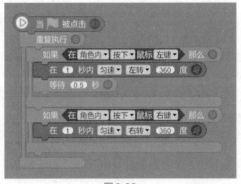

图3-22

3.3.3 创新设计

通过刚才的设计，基本完成了游戏的编程，大家在测试的过程中发现什么问题了吗？有什么其他的解决方案呢？

（1）怎样让勇敢虎不停地旋转呢？如何操作呢？

（2）能让勇敢虎旋转后出现不同的效果吗？

（3）如何让勇敢虎更加快速或者慢速地旋转？

还有哪些改进意见，让我们集思广益完善这个作品。

3.4 谦让兔

兔，十二生肖之一。兔子是一种非常温顺的动物，特别讨人喜爱。

本节我们就借助兔子的特点，来设计一个谦让兔跳跃、行走的游戏。

3.4.1 游戏分析

谦让兔在地面上蹦蹦跳跳，它可以先从原地跳跃，再向前行走，也可以先向前行走再原地跳跃，或是一边走一边跳跃。游戏场景如图3-23所示。

图3-23

3.4.2 游戏设计

1. 模型搭建

添加一个谦让兔角色，如图3-24所示。

图3-24

2. 动作设计

角色的动作比较简单，主要是谦让兔跳跃、行走的动作。

（1）谦让兔跳跃的动作设置。

根据游戏分析，因为谦让兔要向上跳跃1米后回到地面，根据需要我们先给它设置成"受重力"模式，否则谦让兔跳跃后无法回到地面。当空格键被按下后，谦让兔向上跳跃1米，这里还要为谦让兔设置合理的等待时间，如果没有设置合理的等待时间，比如时间太短，那么谦让兔跳跃几次后就会摔倒在地面，后续程序将无法执行，所以推荐合理的时间是1～2秒。程序设置如图3-25所示。

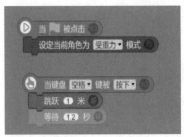

图3-25

（2）谦让兔行走的动作设置。

当上方向键被按下时，谦让兔以0.5米/秒的速度持续向前移动，当上方向键未被按下时谦让兔一直等待，不向前移动，所以在这里我们需要分两种情况进行设置。程序设置如图3-26所示。

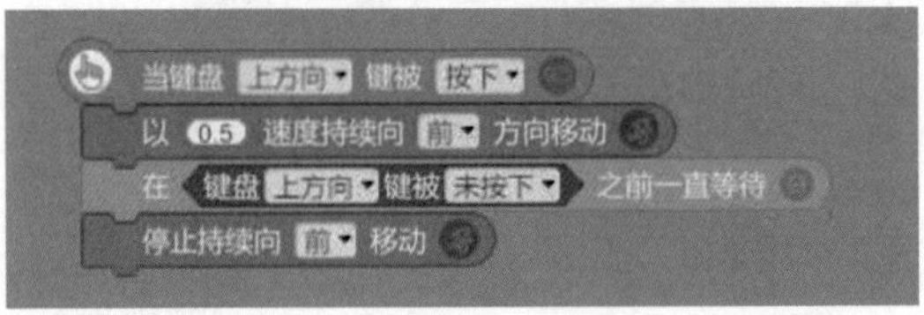

图3-26

注意： 如果想实现谦让兔一边跳跃一边向前行走，就要同时按下空格键和上方向键。

3.4.3 创新设计

通过刚才的设计，基本完成了游戏的编程，大家在测试的过程中发现什么问题了吗？有什么其他的解决方案呢？

（1）怎样让谦让兔按照不同的方向和角度进行跳跃或行走呢？如何操作？

（2）能让谦让兔跳跃后或行走后出现不同的特效吗？

（3）如何让谦让兔跳得更高呢？

还有哪些改进意见，让我们集思广益完善这个作品。

3.5 小结

本章通过4个有趣的案例，初步完成了游戏的设计，介绍了三维图形化编程的基本技巧。至此，你已拥有炫酷三维程序设计的基础。在接下来的章节中，你将更加深入地学习沐木编程，提高自己的编程水平。

第4章

中级难度游戏编程

本章我们来学习几个中级难度的游戏编程，分别是正义龙、自主蛇、互助马、自律羊。

4.1 正义龙

真正的正义感，是在危难时刻挺身而出。正义龙作为义务消防员，正腾云驾雾地赶往火灾现场。

4.1.1 游戏分析

我们来分析正义龙腾云驾雾的效果。首先，正义龙可以驾在云上，单击鼠标，正义龙随之移动到单击位置，显示云雾效果后则完成任务。游戏场景如图4-1所示。

图4-1

4.1.2　游戏设计

1. 模型搭建

添加两个角色，分别为正义龙和云，如图4-2和图4-3所示。

图4-2　　　　　　　　　　　　　　　　　　图4-3

2. 动作设计

当鼠标左键在任意位置被按下，角色移动到鼠标指针所在位置。

（1）正义龙飞行的动作设置如图4-4所示。

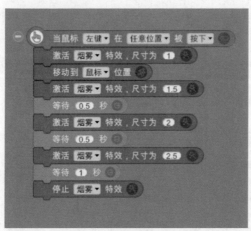

图4-4

（2）正义龙腾云驾雾的动作设置如图4-5所示。

图4-5

游戏到这里就编写完成了。现在可以看到，正义龙腾云驾雾地飞起来了！

4.1.3 创新设计

通过刚才的设计，基本完成了游戏的编程，大家在测试的过程中发现什么问题了吗？有什么其他的解决方案呢？

（1）怎样让正义龙通过操作不同的按键飞起来？

（2）能让正义龙出现不同的飞行特效吗？

（3）如何让正义龙飞得更快一些呢？

还有哪些改进意见？让我们集思广益，完善这个作品。

4.2 自主蛇

"玉不琢，不成器。人不学，不知义。"正义龙飞到自主蛇身边说道："我知道意思，不学习就不知道正义。"自主蛇一边扭动身体一边说道："让你平时好好学习你不听，这里的意思是学生就像一块玉石，只有打磨后才会成为器具，如果没了打磨就永远是一块玉石。人如果不学习，就不懂文化。现在在社会有了很大的发展，科学技术有了很大的提高，只有不断地学习和努力，才能学到更多的知识，才能做一个对社会有用的人。"正义龙想对同学们说："我们要像自主蛇一样，要自觉自主地做事情，不能总让家长督促。"

4.2.1 游戏分析

下面我们来分析自主蛇扭动身体的动作。首先按空格键并单击，让自主蛇扭动起来，随后按上方向键，自主蛇会向前移动。游戏场景如图4-6所示。

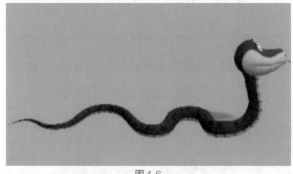

图4-6

4.2.2 游戏设计

1. 模型搭建

这个游戏一共有两个角色，分别是自主蛇1和自主蛇2，如图4-7和图4-8所示。

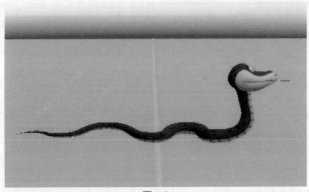

图4-7

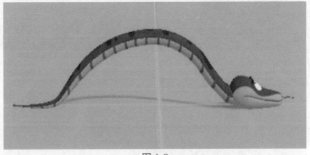

图4-8

2. 动作设计

当上方向键被按下，角色会以爬行方式移动前行。

（1）自主蛇的爬行动作1设置如图4-9所示。

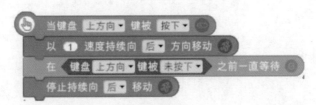

图4-9

（2）自主蛇爬行动作2设置如图4-10所示。

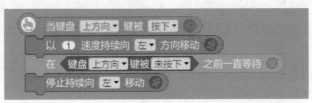

图4-10

注意：图4-9中的"以1速度持续向后方向移动"和图4-10中的"以1速度持续向左方向移动"，其中的方向代表角色的方向。

（3）自主蛇变身动作设置如图4-11所示。

图4-11

（4）自主蛇还原动作设置如图4-12所示。

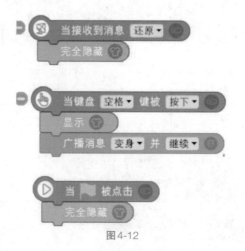

图4-12

游戏到这里就编写完成了，现在可以看到自主蛇扭动爬行起来了！

4.2.3 创新设计

通过刚才的设计，基本完成了游戏的编程，大家在测试的过程中发现什么问题了吗？有什么其他的解决方案呢？

（1）怎样让自主蛇通过按不同按键扭动前进？如何操作？

（2）能让自主蛇出现不同的扭动身体的形态吗？

（3）如何让自主蛇爬行时扭动得更流畅呢？

还有哪些改进意见？让我们集思广益完善这个作品。

4.3 互助马

今天马妈妈对互助马说："孩子，我这里有一袋粮食，你帮我驮到河对岸卖掉吧！"互助马答应后来到了大河前，发现河面宽广，一眼望不到尽头，和小时候过的河不一样了。恰好过来一条船，船上坐着钻研鼠和自主蛇，互助马打声招呼后就坐了上去。但是大家都知道自主蛇和互助马以前有矛盾，谁也不理谁。当船开到河中央时，天空忽明忽暗，刮起狂风，下起暴雨。互助马说："遇到这样的困难，只有大家团结起来，出谋划策，互相帮助，才能渡过难关。"于是，互助马喊来了很多的马儿朋友，通过他们的团结一致，最后成功渡过了大河。从此，自主蛇和互助马成为好朋友。

4.3.1 游戏分析

上面讲的故事，告诉我们要有助人为乐的美德。根据上面的故事来编写"互助马快速找来好朋友"的程序。首先，按下鼠标左键，互助马会增加数量。随后按下鼠标右键，互助马会减少数量。现在让我们来完成任务，游戏场景如图4-13所示。

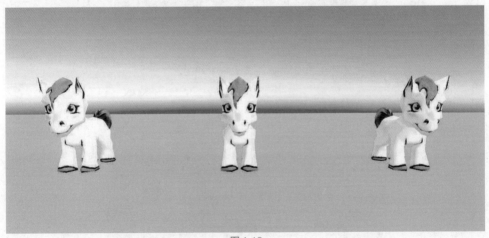

图4-13

4.3.2 游戏设计

1. 模型搭建

这个游戏只有互助马一个角色，如图4-14所示。

图4-14

2. 动作设计

当鼠标左键被按下，角色会增加；当鼠标右键被按下，角色会减少。

（1）初始化复制体距离设置方法。

选择互助马角色，程序设置如图4-15所示。

图4-15

注意： 数字0的含义是将当前复制体距离初始化为0。

（2）增加互助马的设置方法。

在这里我们不需要添加角色，程序设置如图4-16所示。

图4-16

注意： 这时创建的互助马不知道出现的位置，所以不能显示复制的互助马。

（3）产生复制体并向左移动设置方法。

在这里我们不需要添加角色，程序设置如图4-17所示。

图4-17

注意: 图中的"向左移动复制体距离"是角色的方向。

---

(4)减少互助马的设置。

选择互助马角色,程序设置如图4-18所示。

图4-18

游戏到这里就编写完成了,现在可以看到互助马具有召唤新帮手的能力了!

4.3.3 创新设计

通过刚才的设计,基本完成了游戏的编程,大家在测试的过程中发现什么问题了吗?有什么其他的解决方案呢?

(1)怎样让互助马通过按不同按键召唤帮手?如何操作?

(2)能让互助马的帮手前后出现吗?

(3)如何让互助马在船上移动时通过按按键召唤帮手?

还有哪些改进意见?让我们集思广益,完善这个作品。

4.4 自律羊

音乐美学中具有"自律""他律"两个基本特性,"自律"音乐,以奥地利音乐理论家爱德华·汉斯立克为代表。他在《论音乐的美》一书中认为:"音乐的美是一种不依附,不需要外来内容的美。音乐只是乐音的运动形式,情感的表现不是音乐的内容,音乐也不是必须以情感为对象,音乐不描写任何情感。"他说:"音乐的原始要素,是和谐的声音,它的本质是节奏。"

自律羊认为——音乐的美是源于音乐本身,美的音乐是不需要歌词的。同学们喜欢什么样的音乐呢?也放给我听一听吧!希望同学们在生活、学习中也是一名自律的好孩子。

4.4.1 游戏分析

上面的故事告诉我们，人要学会自我管理，要有社会责任感，要树立正确的世界观、人生观和价值观。听音乐可以缓解疲劳，有利于形成正确的价值观。今天的任务就是让自律羊播放音乐，开启我们自律的一天。游戏场景如图4-19所示。

图4-19

4.4.2 游戏设计

1. 模型搭建

这个游戏一共有自律羊和字母Z两个角色，如图4-20和图4-21所示。

图4-20　　　　　　　　　　　图4-21

2. 动作设计

当鼠标左键被按下，角色就会和你互动并播放音乐。

（1）和角色互动的设置。

选择自律羊角色，程序设置如图4-22所示。

图4-22

（2）安排歌曲设置。

在这里我们不需要添加角色，程序设置图4-23所示。

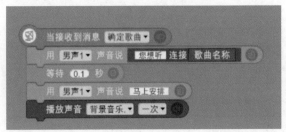

图4-23

（3）单击字母播放音乐设置。

选择字母Z角色，程序设置如图4-24所示。

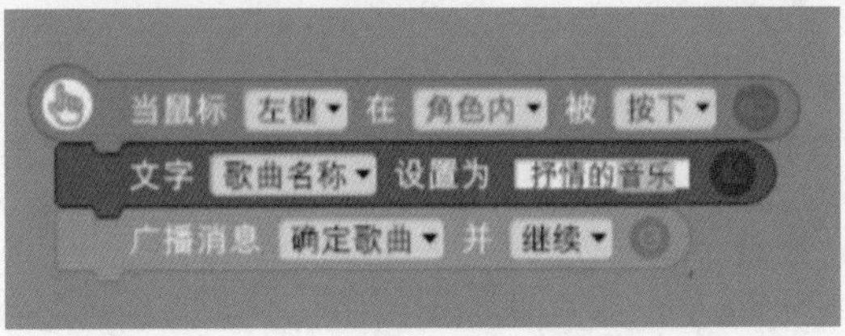

图4-24

游戏到这里就编写完成了，现在可以看到自律羊具有唱歌的能力了！

4.4.3　创新设计

通过刚才的设计，基本完成了游戏的编程，大家在测试的过程中发现什么问题了吗？有什么其他的解决方案呢？

（1）怎样让自律羊通过按不同字母来播放不同音乐？如何操作？

（2）能让自律羊和你聊更多内容吗？

（3）如何让自律羊一边移动一边唱歌？

还有哪些改进意见？让我们集思广益，完善这个作品。

4.5　小结

本章通过正义龙、自主蛇、互动马、自律羊的中级难度编程学习，同学们熟练掌握了顺序算法的应用，利用"事件"模块中的"按键""鼠标"等积木触发事件，通过"移动"使角色动起来，添加复制体增加角色，还可以利用循环语句跳出程序。在制作作品中提高了编程技巧，锻炼了逻辑思维、运算思维，创新能力有了很大的提升。

第5章

高级难度游戏编程

▶ 亲爱的同学：

十二生肖已经亮相8个了，创新猴、分享鸡、细心狗和诚实猪已经按捺不住急切的心情，迫不及待要和大家见面了。

本章我们将根据4种动物的特点来设计不同的小游戏，利用沐木编程实现其功能，让大家在设计过程中体验信息技术在生活中的应用。让动物们通过我们的操作，尽快动起来。大家快来试试吧！

5.1 创新猴

本节将编写一个创新猴的游戏，在这个游戏中，创新猴跟大家玩捉迷藏。游戏场景如图5-1所示。

图5-1

　　捉迷藏的游戏规则，想必大家都知道。游戏开始，创新猴随机藏在一个物品的后面。当我们用鼠标单击这个物品的时候，如果创新猴没有躲在这个物品的后面，物品将没有任何反应。如果我们找对了，则物品消失，创新猴出现。

5.1.1　游戏分析

　　根据捉迷藏的游戏规则，这个游戏需要用鼠标进行操作。角色分为两种类型：创新猴和躲藏物品。两类角色的任务不同：创新猴的动作主要是"隐藏"和"显示"，躲藏物品则根据创新猴所在的位置选择"隐藏"或"不动"。

　　由于创新猴选择位置不是固定的，因此需要用到随机数，根据随机产生的位置进行移动及躲藏。

5.1.2　游戏设计

1. 模型搭建

　　添加4个角色，分别为创新猴、木桶、石头、饮水机，如图5-2 ～ 图5-5所示。

图5-2　　　　　　　　　　　　　图5-3

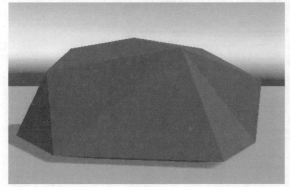 

图5-4　　　　　　　　　　　　　图5-5

注意： 将所有角色的位置排列好，为了增强游戏效果，建议将角色都放在"地平面"上。如何快速又准确地放到"地平面"上呢？我们可以右键单击角色，在弹出的菜单中选择【对齐】/【地平面】选项，如图5-6所示。

图5-6

2. 动作设计

（1）创新猴的动作设置。

创新猴的动作分为：第一次单击鼠标后——角色隐藏，第二次单击鼠标后——角色出现，以及移动到随意一个物品角色的位置。

①记录鼠标状态。

鼠标单击操作，需要记录创新猴当前的状态（"显示"或者"隐藏"），创建一个变量来表明其状态。

创建一个布尔类型的变量，如图5-7所示。（布尔类型只有两种状态比较适合创新猴的"显示"或者"隐藏"，也可以用其他类型的变量。同学们可以尝试一下！）

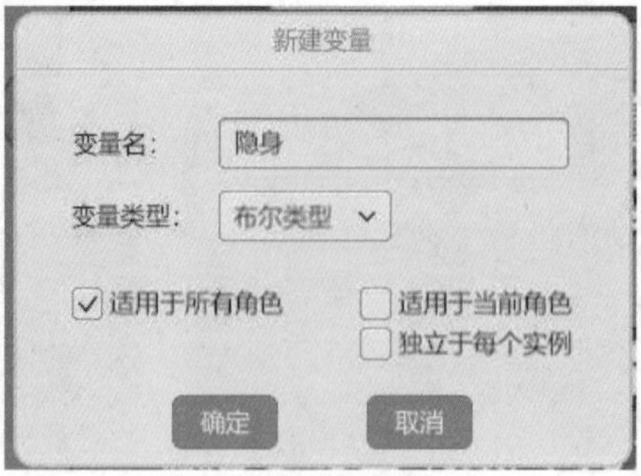

图5-7

"隐身"变量默认赋值为"否",表示目前状态为"显示",如图5-8所示。

图5-8

②鼠标单击操作。

第一次单击创新猴时,创新猴"隐藏",同时改变布尔变量"隐身"的状态;第二次单击创新猴时,创新猴"显示",同时改变布尔变量"隐身"的状态。程序设置如图5-9所示。

图5-9

③创新猴的移动。

创新猴需要随机移动到任意一个物品的位置,如何做到随机呢?我们需要用到随机数模块。本例添加了3件物品,所以随机产生的位置也要固定在一定的范围内。

我们需要一个变量来记录随机产生的位置信息。根据随机数模块的特点,这里建立了数字型的变量,并对其进行初始化。然后,将随机产生的数赋予变量。程序设置如图5-10所示。

图5-10

产生位置信息后,创新猴应该先消失,然后移动到对应的位置。程序设置如图5-11所示。

图 5-11

④创新猴的显示。

当鼠标单击正确的物品角色时，物品消失，创新猴需要显示出来。这时，即将消失的物品会给创新猴发送一个广播消息。当创新猴接收到这个消息后，就立即显示出来。程序设置如图5-12所示。

图 5-12

（2）物品角色的动作设置。

3件物品的角色动作相对较为单一，都是先给其进行位置编号。当鼠标单击正确时，物品就隐藏并发送显示广播。程序设置如图5-13所示。

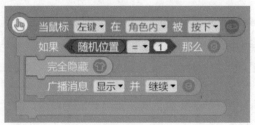

图 5-13

现在可以测试一下程序，看看是否满足我们的要求了。

5.1.3 创新设计

通过刚才的设计，基本完成了游戏的编写。大家在测试的过程中发现什么问题了吗？有没有什么解决方案呢？

（1）创新猴的"显示"和"隐藏"是否可以增加某些特效呢？尝试为其设置特殊效果，如图5-14所示。

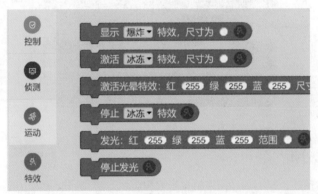

图5-14

（2）游戏环节是否有相应的提示信息，如"对不起，您找错地方了"等，可以尝试用语音（录制声音）进行提示，如图5-15所示；也可以尝试用文字（图文框）进行提示，如图5-16所示。

图5-15

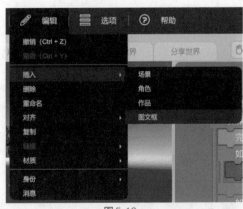

图5-16

（3）要在空白位置单击也会出现相关特效且可以在物体上看到，游戏玩家可以借助这种方式快速且准确地找到创新猴，我们该如何解决？

还有哪些改进意见，让我们集思广益，一起完善这个作品。

5.2 分享鸡

鸡，人们喂养的家禽之一，在农村，鸡除了为人们提供营养外，还有一个重要的任务就是报晓。本节我们就根据鸡的这个特点，来设计一个分享鸡报时的游戏。游戏场景如图 5-17 所示。

图 5-17

5.2.1 游戏分析

根据上面的描述，我们选择用空格键来控制游戏。当我们按键盘上的 A 键时，时间开始倒计时。当倒计时归零后，房屋的门打开，分享鸡走出来不停地报时，直到我们按空格键为止。

5.2.2 游戏设计

1. 模型搭建

添加 4 个角色，分别为房屋（见图 5-18）、门（见图 5-19）、分享鸡（见图 5-20）和图文框。

图 5-18

图 5-19

图 5-20

注意: 图文框角色在角色库中是找不到的，需要到【编辑】菜单中寻找，如图5-21和图5-22所示。

图5-21   图5-22

添加完图文框后，根据需要对其进行相应的设置。选中图文框角色后右键单击，在弹出的菜单中选择【编辑图片】命令（见图5-23），将【图片透明度】和【背景透明度】均调为"100"（见图5-24）。这样，我们看到的就是一个透明的图文框了。

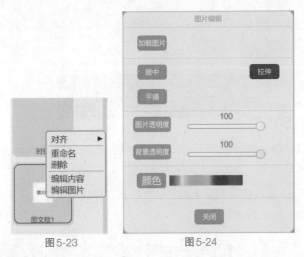

图5-23   图5-24

2. 动作设计

角色的动作比较简单，主要是分享鸡和门的动作设置，以及图文框的内容显示。

（1）分享鸡的动作设置。

根据任务分析，分享鸡的动作分为"移动"和"报晓"。这两个动作相对比较简单，通过广播"开门"的消息，激活动作。我们在分享鸡角色中直接设置即可，如图5-25所示。

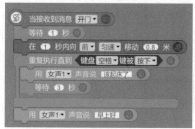

图 5-25

（2）门的动作设置。

①设置门旋转的轴。

软件中角色默认的中心是物体的中心，它可以向6个方向（前后、左右、上下）旋转。我们首先要确定旋转的方向，然后将旋转的轴心位置移动到门的一侧。程序设置如图5-26所示。

图 5-26

②门旋转的设置。

设置好旋转轴的位置后，下一步是让门接收到"开门"消息后旋转90°。程序设置如图5-27所示。

图 5-27

（3）图文框的动作设置。

图文框的动作很简单，将变量的值显示出来，但图文框显示的内容必须是文字形式。因此，"时间"变量必须转换成文字才能显示出来。程序设置如图5-28所示。

显示程序设置如图5-29所示。

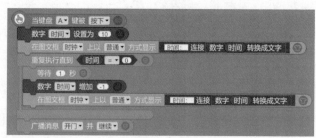

图 5-28   图 5-29

现在可以测试一下程序，看看是否满足我们的要求了。

5.2.3 创新设计

通过刚才的设计，基本完成了分享鸡报晓这一小游戏。大家在测试的过程中发现什么问题了吗？有没有什么解决方案呢？

（1）如何重复执行这个小程序呢？

（2）程序需要用到键盘来控制，能够给一个操作说明吗？如何实现？

（3）要个性化定制分享鸡报晓的声音，怎么操作呢？

还有哪些改进意见？让我们集思广益，一起完善这个作品。

5.3 细心狗

狗，大家都很熟悉，可以说是我们人类最好的动物朋友。本节将编写一个细心狗玩飞盘的游戏。

在生活中，狗主人通常会这样训练自家的狗：将物品（飞盘或球）扔出，狗飞快地跑过去将物品捡回。本节就来模拟这个活动：钻研鼠扔出飞盘，细心狗跑过去将飞盘捡回，游戏场景如图5-30所示。

图5-30

5.3.1 游戏分析

我们选择用鼠标和空格键来控制钻研鼠的扔飞盘动作。当按下空格键后，钻研鼠开始仿照铁饼运动员扔铁饼的动作——原地旋转；当松开空格键后，飞盘根据钻研鼠旋转到的角度飞出。细心狗看到飞盘落地后，开始朝着飞盘落地的方向跑过去并将飞盘捡回来给钻研鼠。

5.3.2 游戏设计

1. 模型搭建

添加3个角色，分别为钻研鼠（见图5-31）、飞盘（见图5-32）、细心狗（见图5-33）。

图5-31　　　　　　　　　　图5-32　　　　　　　　　　图5-33

注意：为了保证游戏效果，建议将钻研鼠和细心狗都放在"地平面"上。对于飞盘，则需要从不同角度进行观察，保证飞盘与钻研鼠的手掌有一定的接触。

2. 动作设计

（1）钻研鼠的初始动作设置。

钻研鼠的动作很简单，即当空格键按下时，在原地旋转。但根据实际情况了解到，旋转的速度是由慢到快，随着速度的增加，飞盘出手的力度也会增加。这里，就需要解决出手力量的问题。

①记录钻研鼠的出手力量。

通过分析，我们可以确定利用出手力量来控制旋转速度。因此，需要建立一个数字类型的变量"力量"，如图5-34所示。

②设置钻研鼠的动作。

当按下空格键后，钻研鼠就开始旋转，直到空格键被松开。程序设置如图5-35所示。

图5-34　　　　　　　　　　　　　　　　　　图5-35

（2）飞盘的动作设置。

飞盘的动作可以分为以下几步，我们分别来进行处理。

①随着钻研鼠进行旋转。

这个动作很简单，我们只要将飞盘和钻研鼠绑定在一起即可，程序设置如图5-36所示。

②飞盘的速度设置。

飞盘的初始速度和钻研鼠的力量有一定的关系。所以，我们就以钻研鼠"力量"这个变量，来定义飞盘的初始速度。

当钻研鼠旋转到极限后，它的旋转速度便无法再提升了，飞盘的初始速度也就不会再改变了。所以，我们还要定义一个极限的标识变量"到达力量峰值"，设置变量类型为布尔类型，如图5-37所示。

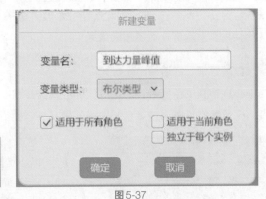

图5-36   图5-37

分析完毕后，我们的程序设置如图5-38所示。

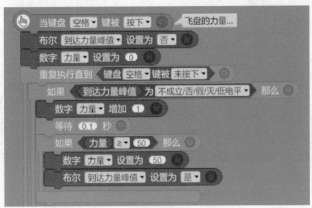

图5-38

③飞盘飞出的效果。

在旋转过程中，飞盘和钻研鼠是绑定在一起的。这时我们需要先将飞盘和钻研鼠进行解绑，然后让飞盘沿着钻研鼠当前的角度飞出，根据"力量"的大小计算飞出的距离。程序设置如图5-39所示。

图5-39

④发送消息给细心狗。

如果想让细心狗去捡飞盘，就必须给细心狗一个指令，可以在软件中发送一个广播消息。程序设置如图5-40所示。

图5-40

注意： 为了游戏的效果，这里先将飞盘的角色模式改为"投影"模式。大家也可以尝试其他模式，看看有什么不同的效果。

⑤飞盘随着细心狗返回给钻研鼠。

当细心狗跑到飞盘处时，飞盘应该绑定到细心狗上。然后，跟随细心狗跑回，返回给钻研鼠。这里我们只要调整飞盘的位置，将其绑定到细心狗身上即可。程序设置如图5-41所示。

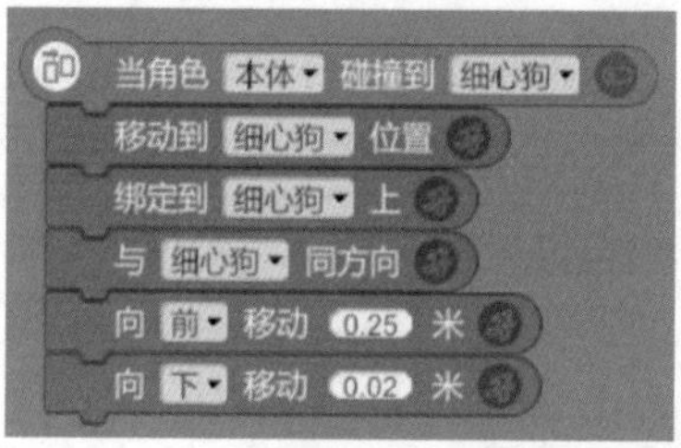

图5-41

（3）细心狗捡飞盘的动作设置。

细心狗的动作很简单，即接收到消息后面向飞盘跑过去，直到碰到飞盘为止。程序设置如图5-42所示。

第二个动作就是面向钻研鼠跑回来，程序和跑向飞盘类似，如图5-43所示。

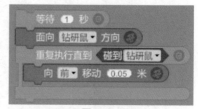

图5-42   图5-43

现在可以测试一下程序，看看是否满足我们的要求了。

5.3.3 创新设计

通过刚才的设计，基本完成了玩飞盘的游戏设置。大家在测试的过程中发现什么问题了吗？有没有什么解决方案呢？

（1）飞盘的动作是不是还可以调整一下，让其更符合生活规律？细心狗在跑动过程中是不是一直在地面上，如何调整程序呢？

（2）游戏环节是否可以增加钻研鼠和细心狗的相互交流？如何呈现交流的内容呢？

（3）能否切换不同的观看视角，如从细心狗的视角出发，观看捡飞盘的画面？

（4）如何让程序可以重复使用？

还有哪些改进意见，让我们集思广益，一起完善这个作品。

5.4 诚实猪

猪，十二生肖之一。给人的感觉是有着温顺与老实的本性，憨态可掬，遵守规则。

本节我们来设计一个诚实猪开车的游戏。游戏场景如图 5-44 所示。

图 5-44

5.4.1 游戏分析

诚实猪需要外出游玩，它走到自家汽车旁，坐上汽车开车上路。我们可以用方向键来控制诚实猪的动作，也可以用方向键来控制汽车的运行。当离森林边缘不到 3 米时，森林的提示屏上产生提示——"前方森林，请小心！"。当远离森林时，提示消失。

5.4.2 游戏设计

1. 模型搭建

添加 6 个角色，分别为诚实猪（见图 5-45）、车身（见图 5-46）、车轮（见图 5-47）、警示标志（见图 5-48）、树木（见图 5-49）和图文框（见图 5-50）。

注意： 汽车分为车身和车轮两部分，分别添加；森林可以由多个树木组成，可以直接复制树木角色。

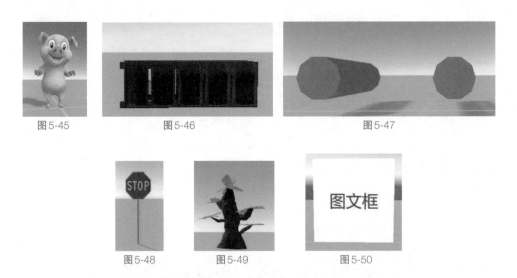

图 5-45   图 5-46   图 5-47

图 5-48   图 5-49   图 5-50

注意: 我们需要一片森林，但现在只添加了一棵树，如何增加多棵树？有什么便捷的方法吗？软件提供了"拖曳复制"功能，我们可以尝试一下，如图 5-51 所示。

选中树木角色，然后单击"拖曳复制"按钮，会出现6个方向的箭头。选中想要复制的方向箭头，拖动树木，即可完成树木的复制，如图 5-52 所示。

图 5-51   图 5-52

如果采取逐棵添加树木的方式，可以随意移动树木，树木的摆放位置比较随意，但添加的步骤比较烦琐，导致角色区的角色太多，不好管理。

采用"拖曳复制"的方式，可以很方便地对单个角色进行复制，副本角色排列整齐，不可随意移动任意角色。在角色区内仅显示被复制的角色，方便管理。

添加完所有角色后，将其移动到相应的位置。在这里，需要注意车身和车轮一定要全方位连接上，否则转换角度观看会很不协调。我们可以根据视角进行相应的调整。

2. 动作设计

角色的动作比较简单，主要是诚实猪和汽车的动作及图文框的内容显示。

在现实生活中，车速和诚实猪的速度不一样。为了方便管理，我们可以设置一个变量来关联两个角色的速度。（阅读后面的程序可以理解这样做的好处。）

（1）诚实猪的动作设置。

①诚实猪的移动。

根据任务分析，诚实猪的动作需要用方向键进行控制，程序比较简单，如图5-53所示。

图5-53

②诚实猪上车的动作设置。

当诚实猪走到车旁时，需要上车，动作很简单。程序设置如图5-54所示。

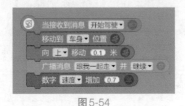

图5-54

（2）汽车的动作设置。

图5-55

①车身与车轮的绑定。

汽车在运动时，需要车身和车轮一起移动。所以需要在车轮上进行设定，将其绑定到车身上，程序设置如图5-55所示。

注意： 这个程序是对车轮的设置。

②车身的动作设置。

我们刚才看到诚实猪收到一条广播消息，这条消息需要由车身发出，那我们就用鼠标左键来控制这条广播消息的发出。程序设置如图5-56所示。

诚实猪上车后需要发送一条广播消息，车身接收广播消息后，车身和诚实猪才能绑定在一起。这样，我们用方向键操纵诚实猪的时候，车身也一同跟随，解决了用同样按键控制不同角色的问题。程序设置如图5-57所示。

图5-56

图5-57

这样是不是可以理解为什么我们的速度要用变量了吧！

③汽车与森林（树木）距离的设置。

现在，我们可以用方向键控制诚实猪和汽车一起运动了。当汽车距离森林边缘小于3米的时候，图文框会显示红色提示语："前方森林，请小心！"

这个该如何设置呢？我们可以利用"侦测"事件中的"与 的最近距离"积木，如图5-58所示。

程序设置如图5-59所示。

图5-58

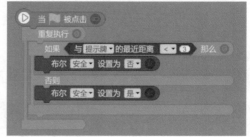

图5-59

注意： 这里，我们用布尔类型变量"安全"来标记距离是否小于3米。

（3）图文框的动作设置。

图文框的动作很简单，即根据变量"安全"的值来控制显示的内容，程序设置如图5-60所示。

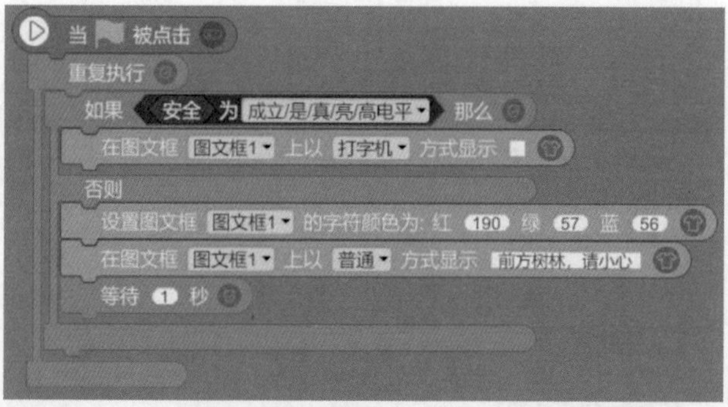

图5-60

现在可以测试程序，看看是否能满足我们的要求了。

5.4.3 创新设计

通过刚才的设计，基本完成了程序的编写。大家在测试的过程中发现什么问题了吗？有没有什么解决方案呢？

（1）程序需要用键盘来控制，能够给一个操作说明吗？如何实现？

（2）能否切换一下观看程序的视角，哪个视角更好呢？如何操作？

（3）刚才我们控制图文框显示用的是变量，能否用广播来控制呢？

（4）想要个性化定制提示的声音，怎么操作呢？

还有哪些改进意见？让我们集思广益，一起完善这个作品。

5.5 小结

本章通过4个有意思的案例，完成了相对复杂程序的设计。至此，你已经拥有创建炫酷三维程序的基础。在接下来的章节中，你将更加深入地学习沐木编程，逐步提高自己的编程技巧。

第6章

游戏编程挑战（1）——打地鼠

▶ 亲爱的同学：

　　你玩过打地鼠游戏吗？呆头呆脑的地鼠从地鼠洞里探出头来，我们需要快速地挥动手中的锤子把地鼠打下去。这样一个好玩的游戏该如何设计呢？本章就来设计一款属于自己的打地鼠游戏。

　　打地鼠游戏上手简单，能考验大家的反应速度，游戏的制作过程也不难。首先搭建打地鼠的场景，然后在场景中分别创建锤子、普通地鼠、皇冠地鼠角色，通过编程，让锤子能够自由挥动，成为手中的打地鼠利器。快来敲打每一只胆敢冒头的地鼠吧！

6.1　游戏简介

1.　游戏情节梗概

　　在森林的一块空地上有许多密密麻麻的地鼠洞，地鼠洞下面是一个地鼠王国，里面住着一些普通地鼠和皇冠地鼠，这些地鼠每天都想从地鼠洞里跑出来偷取食物。我们需要阻止这些地鼠，挥动锤子来把冒头的地鼠都打回去。每打中一只普通地鼠，奖励1分；每打中一只皇冠地鼠，奖励5分。地鼠们为了对抗锤子，偶尔会从地鼠洞里扔出炸弹，小心点，锤子碰到炸弹就会爆炸！大家快来试一试，看谁能拿到打地鼠游戏的最高分。游戏场景如图6-1所示。

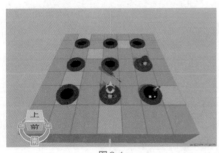

图6-1

2.　一起来分析

　　同学们，我们该如何把打地鼠游戏在沐木

编程中实现呢？每一个角色都要有对应的角色模型，想要让角色动起来、会说话，还得为它们编写程序。我们来逐一分析，如表6-1所示。

表6-1

游戏情节	角色（功能）
在森林的一块空地上有许多密密麻麻的地鼠洞	地面、多个地鼠洞
地鼠洞下面是一个地鼠王国，里面住着一些普通地鼠和皇冠地鼠	普通地鼠、皇冠地鼠
这些地鼠每天都想从地鼠洞里跑出来偷取食物	普通地鼠（从地鼠洞冒头）、皇冠地鼠（从地鼠洞冒头）
我们需要阻止这些地鼠，挥动锤子来把冒头的地鼠都打回去	锤子（移动、挥动）
每打中一只普通地鼠，奖励1分	记分板（显示得分）、锤子（锤子与地鼠接触判定、普通地鼠判定）
每打中一只皇冠地鼠，奖励5分	记分板（显示得分）、锤子（锤子与地鼠接触判定、皇冠地鼠判定）
地鼠们为了对抗锤子，偶尔会从地鼠洞里扔出炸弹	炸弹
小心点，锤子碰到炸弹就会爆炸	炸弹（爆炸判定）

6.2 角色

本游戏需要添加14个角色，分别是地面、地鼠洞1～地鼠洞9、锤子、普通地鼠、皇冠地鼠、炸弹，如图6-2所示。

下面分别介绍这些角色。

• 地面：打地鼠游戏的装饰型角色，不含程序，只起到装饰作用。

• 地鼠洞1：打地鼠游戏的装饰型角色，不含程序，为地鼠出现的洞穴。

• 地鼠洞2：打地鼠游戏的装饰型角色，不含程序，为地鼠出现的洞穴。

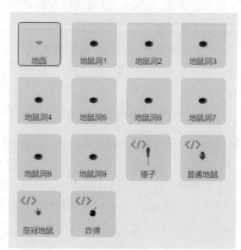

图6-2

• 地鼠洞3：打地鼠游戏的装饰型角色，不含程序，为地鼠出现的洞穴。

• 地鼠洞4：打地鼠游戏的装饰型角色，不含程序，为地鼠出现的洞穴。

• 地鼠洞5：打地鼠游戏的装饰型角色，不含程序，为地鼠出现的洞穴。

• 地鼠洞6：打地鼠游戏的装饰型角色，不含程序，为地鼠出现的洞穴。

- 地鼠洞7：打地鼠游戏的装饰型角色，不含程序，为地鼠出现的洞穴。
- 地鼠洞8：打地鼠游戏的装饰型角色，不含程序，为地鼠出现的洞穴。
- 地鼠洞9：打地鼠游戏的装饰型角色，不含程序，为地鼠出现的洞穴。
- 锤子：玩家操控的主体角色，跟随鼠标移动。
- 普通地鼠：打地鼠游戏的得分角色，在地鼠洞1～地鼠洞9中随机出现，当被锤子击中后，得分加1。
- 皇冠地鼠：打地鼠游戏的得分角色，在地鼠洞1～地鼠洞9中随机出现，当被锤子击中后，得分加5。
- 炸弹：打地鼠游戏的惩罚角色，在地鼠洞1～地鼠洞9中随机出现，当碰到锤子后，游戏失败。

6.3 变量

本程序共用到了5个变量，分别是普通地鼠位置、皇冠地鼠位置、炸弹位置、得分、得分判断，如图6-3所示。

下面来介绍这些变量。

- 普通地鼠位置：变量初始值为1，当游戏开始后在1～9中随机取整数值，用于使普通地鼠在地鼠洞1～地鼠洞9中随机出现，是隐藏变量。

- 皇冠地鼠位置：变量初始值为2，当游戏开始后在1～9中随机取整数值，用于使皇冠地鼠在地鼠洞1～地鼠洞9中随机出现，是隐藏变量。

图6-3

- 炸弹位置：变量初始值为3，当游戏开始后在1～9中随机取整数值，用于使炸弹在地鼠洞1～地鼠洞9中随机出现，是隐藏变量。
- 得分：变量初始值为0，当锤子打击地鼠后得分增加，用于记录分数。
- 得分判断：变量初始值为0，分别在锤子击打普通地鼠、皇冠地鼠和炸弹后变为1、2、3，用于区分锤子击打的目标种类及加分的数值，是隐藏变量。

6.4 项目制作

6.4.1 场景搭建

1. 右键单击场景，在弹出的菜单中选择【属性】命令，将场景参数设置为【完全隐藏】，如图6-4和图6-5所示。

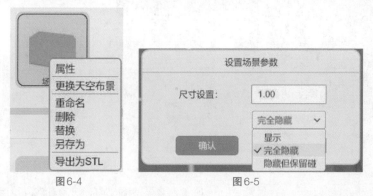

图6-4   图6-5

2. 右键单击场景，在弹出的菜单中选择【更换天空布景】命令，将默认布景更换为"田野"布景，如图6-6和图6-7所示。

图6-6

图6-7

3. 选用"打地鼠角色库"中的"小镇场景地面"角色，添加该角色到场景中，重命名为"地面"，并将角色移动到中央，用作打地鼠的地面场景，如图6-8和图6-9所示。

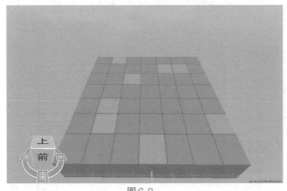

图6-8

图6-9

图6-10

4. 选用"打地鼠角色库"中的"环境_地鼠洞"角色,添加到场景中,并将角色移动到合适位置,如图6-10所示。重复以上操作,得到9个排序好的地鼠洞并分别命名为"地鼠洞1"～"地鼠洞9",如图6-11所示。

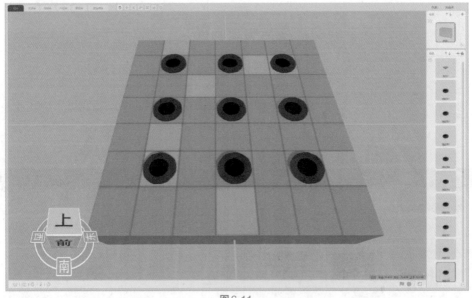

图6-11

提示: 地鼠洞只起到装饰作用,用于固定地鼠出现的位置,并无程序,编号可根据自身需求进行调整,方便记忆即可。

通过以上操作,打地鼠游戏的舞台就搭建好了,目前场景中的地鼠洞只起装饰作用,因此大小和位置可以根据自身喜好进行调整,快来试一试。

6.4.2　程序编写

1. 锤子

在"兵器"角色库中找到"兵器_狼牙锤"角色，添加该角色到场景中，修改角色名称为"锤子"，如图6-12所示。

角色基本功能：当绿旗被点击后，锤子出现在游戏视野中。当鼠标指针放在锤子上并单击后，锤子将随鼠标移动，根据锤子碰到的不同角色，将出现不同的效果，相关程序如图6-13所示。

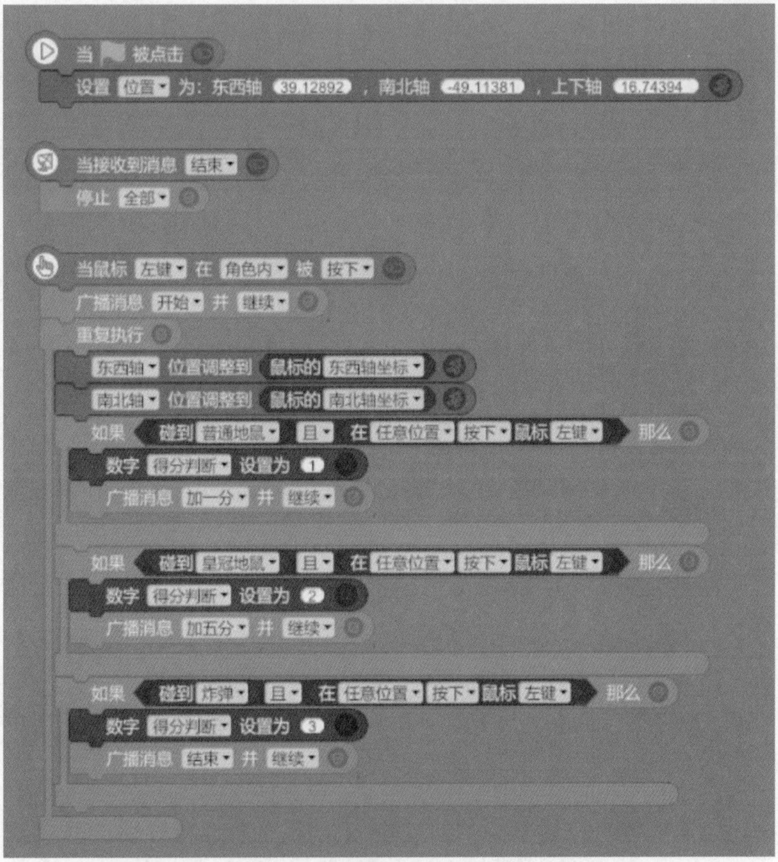

图6-12

图6-13

（1）当锤子碰到普通地鼠并按下鼠标左键时，将广播"加一分"消息，使变量"得分"增加"1"，同时将变量"得分判断"设为"1"，证明碰到了普通地鼠。

（2）当锤子碰到皇冠地鼠并按下鼠标左键时，将广播"加五分"消息，使变量"得分"增加"5"，同时将变量"得分判断"设为"2"，证明碰到了皇冠地鼠。

（3）当锤子碰到炸弹并按下鼠标左键时，将广播"结束"消息，使游戏其他所有角色停止动作，同时将变量"得分判断"设为"3"，证明碰到了炸弹。

提示： 在编写锤子跟随鼠标指针移动的程序时应注意，场景中共有3个坐标轴，分别是东西轴、南北轴和上下轴（分别对应x轴、y轴、z轴），如果直接将锤子位置设置为鼠标位置，在视角不变的情况下，锤子会无法碰到远处的地鼠。因此我们需要将锤子的上下轴（z轴）固定，鼠标移动只改变锤子的东西轴与南北轴，才能实现锤子在一个平面上的移动。

---

2. 普通地鼠

在"打地鼠角色库"中找到"动物_地鼠（普通）"角色，添加该角色到场景中，修改角色名称为"普通地鼠"，如图6-14所示。

图6-14

角色基本功能：普通地鼠作为游戏的得分角色，需要在1～9号地鼠洞中随机出现，且不与炸弹角色和皇冠地鼠角色重合。当普通地鼠被锤子击打或出现一定时间后，会消失并在随机地鼠洞中再次出现。

程序编写过程如下。

定位。根据地鼠洞编号，将普通地鼠移动到对应位置并分别记录下位置坐标，将坐标、地鼠洞编号与变量"普通地鼠位置"进行一一对应，如图6-15和图6-16所示。

图6-15

图6-16

提示： 变量设置从0～9中选择随机数并向上取整，目的是避免随机数中出现小数，选择0～9而不是1～9是为了增大向上取整后数字1的出现概率。

思考：程序中的随机数和我们生活中摇骰子的随机数是一样的吗？

当程序开始时，普通地鼠在地鼠洞中随机出现，一定时间内没被锤子击打就会消失。可通过设置变量"计时器"计算普通地鼠在地鼠洞出现的时间，通过设置变量"得分判断"统计游戏得分。"外观"模块中的"显示"与"完全隐藏"指令，可实现普通地鼠显示和隐藏的效果。

本游戏中，普通地鼠在地鼠洞中随机出现，被锤子击打或等待2秒后，普通地鼠消失并在新的地鼠洞中重新出现，程序设置如图6-17和图6-18所示。

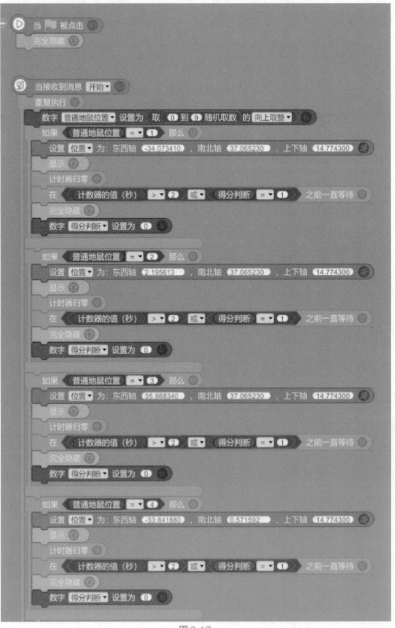

图6-17

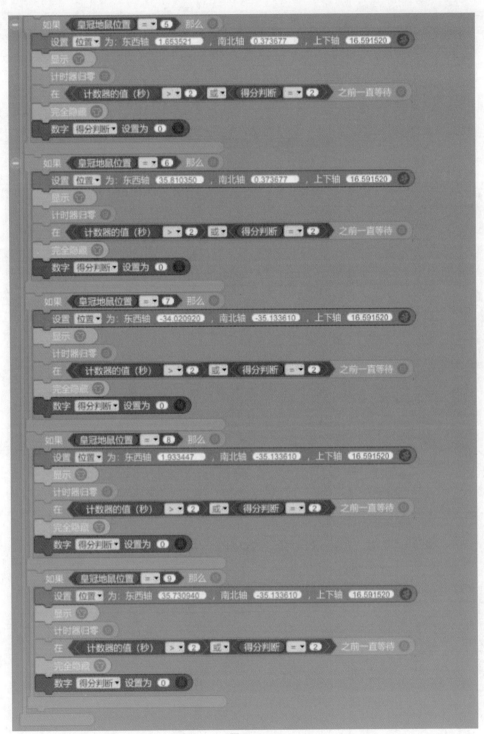

图6-18

提示： 计时器模块的引入是为了结合"在……之前一直等待"模块，更好地控制普通地鼠出现与消失的时间间隔。

当"普通地鼠位置"与"皇冠地鼠位置"或"炸弹位置"变量的值相等时，为变量重新赋值。使用"运算"模块中的"且"和"或"逻辑运算模块，实现当"普通地鼠位置"与"皇冠地鼠位置"或"炸弹位置"相等时，重新选取变量数值的功能，如图6-19和图6-20所示。

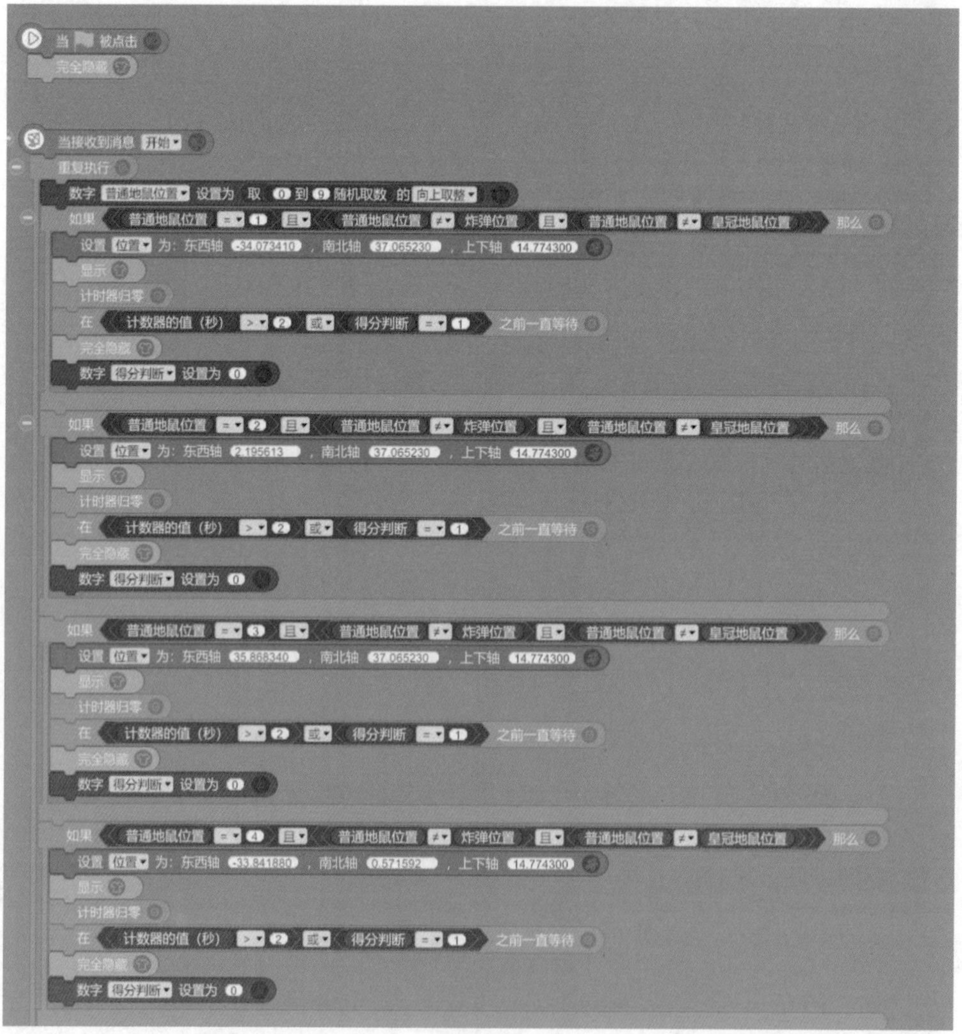

图6-19

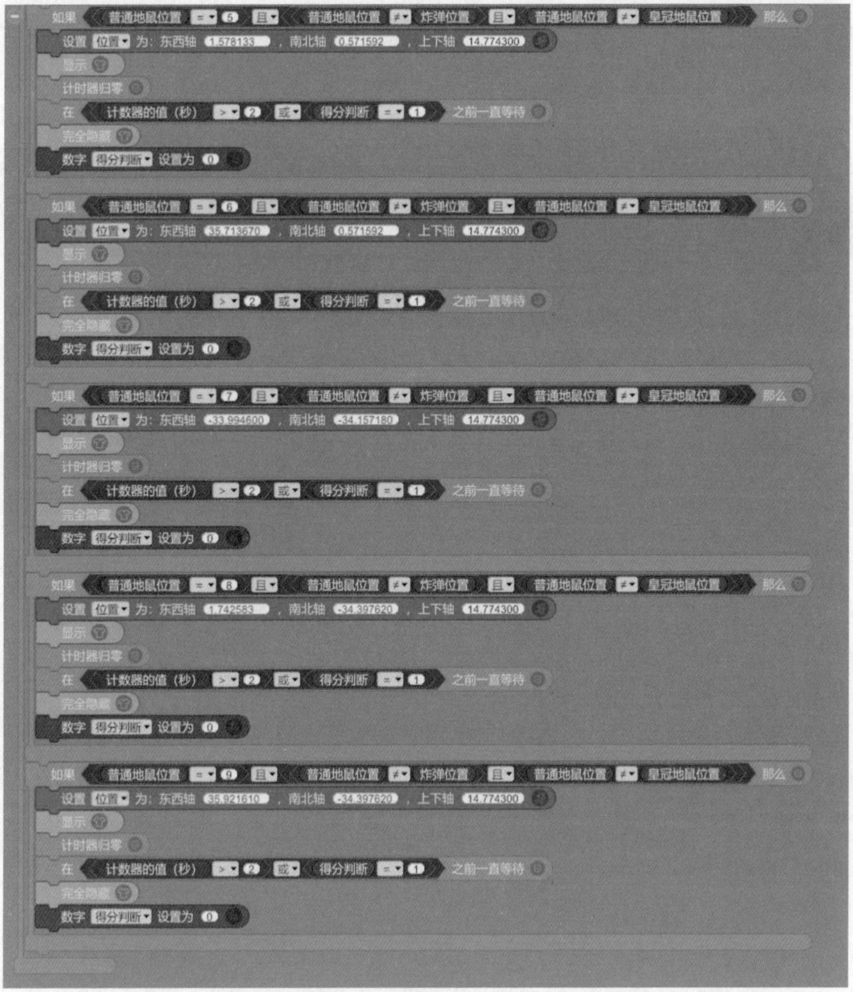

图6-20

3. 皇冠地鼠

在打地鼠角色库中找到"动物_地鼠（皇冠）"角色，添加该角色到场景中，修改角色名称为"皇冠地鼠"，如图6-21所示。

图6-21

角色基本功能：皇冠地鼠作为游戏的得分角色，需要在1～9号地鼠洞中随机出现，且不与炸弹角色和普通地鼠角色重合。当皇冠地鼠被锤子击打或出现一定时间后，会消失并在随机地鼠洞中再次出现。

程序编写过程如下。

定位。根据地鼠洞编号，将皇冠地鼠移动到对应位置并分别记录下位置坐标，将坐标、地鼠洞编号与变量"皇冠地鼠位置"进行一一对应，如图6-22和图6-23所示。

图 6-22

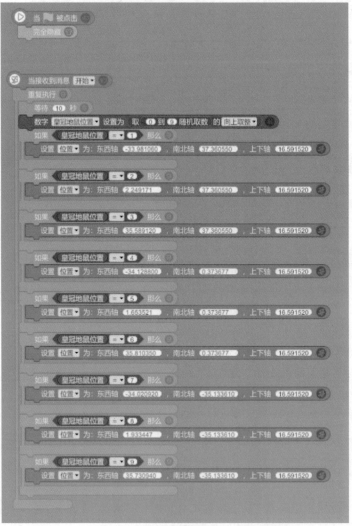

图 6-23

当皇冠地鼠出现时计时器开始倒计时，计时结束或者计时期间皇冠地鼠被锤子击打，普通地鼠都会立即消失并随机出现在任意地鼠洞中。结合"得分判断"变量与"计时器"变量，为皇冠地鼠添加"外观"模块中的"显示"与"完全隐藏"指令，实现皇冠地鼠在地鼠洞中随机出现的效果，在2秒后或被锤子击打后消失并在其他地鼠洞中出现，如图6-24和图6-25所示。

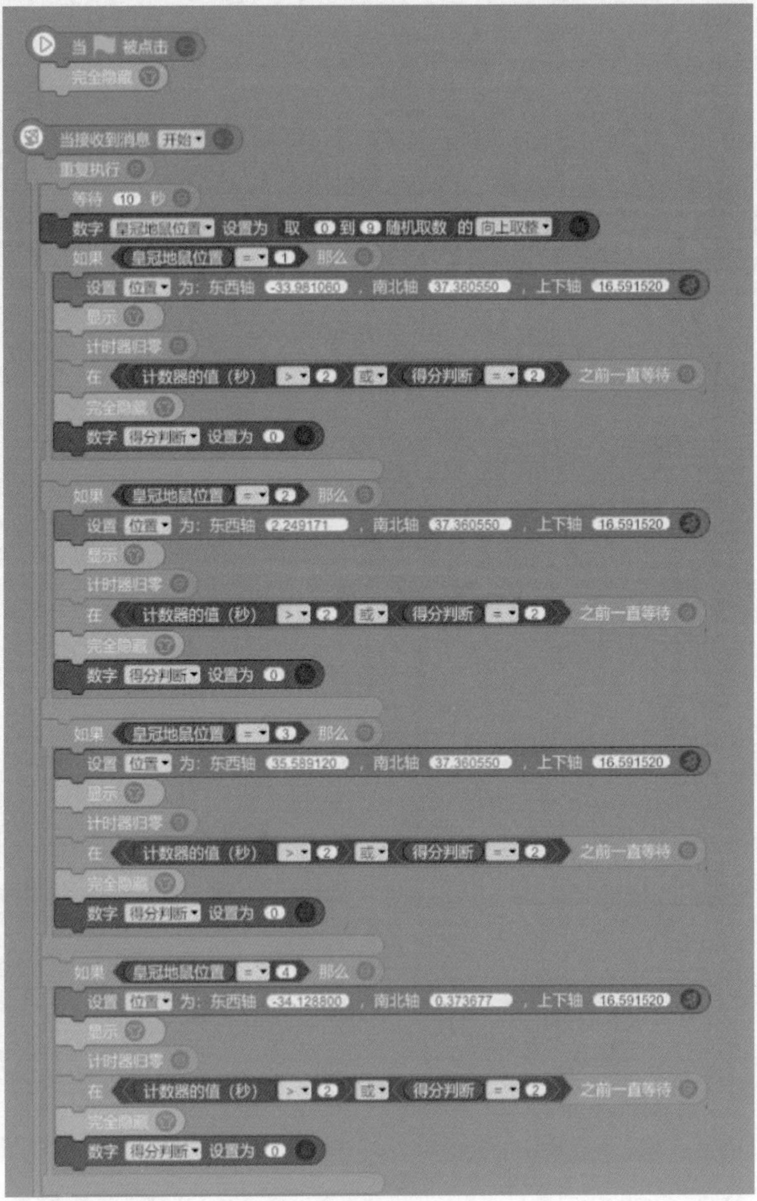

图6-24

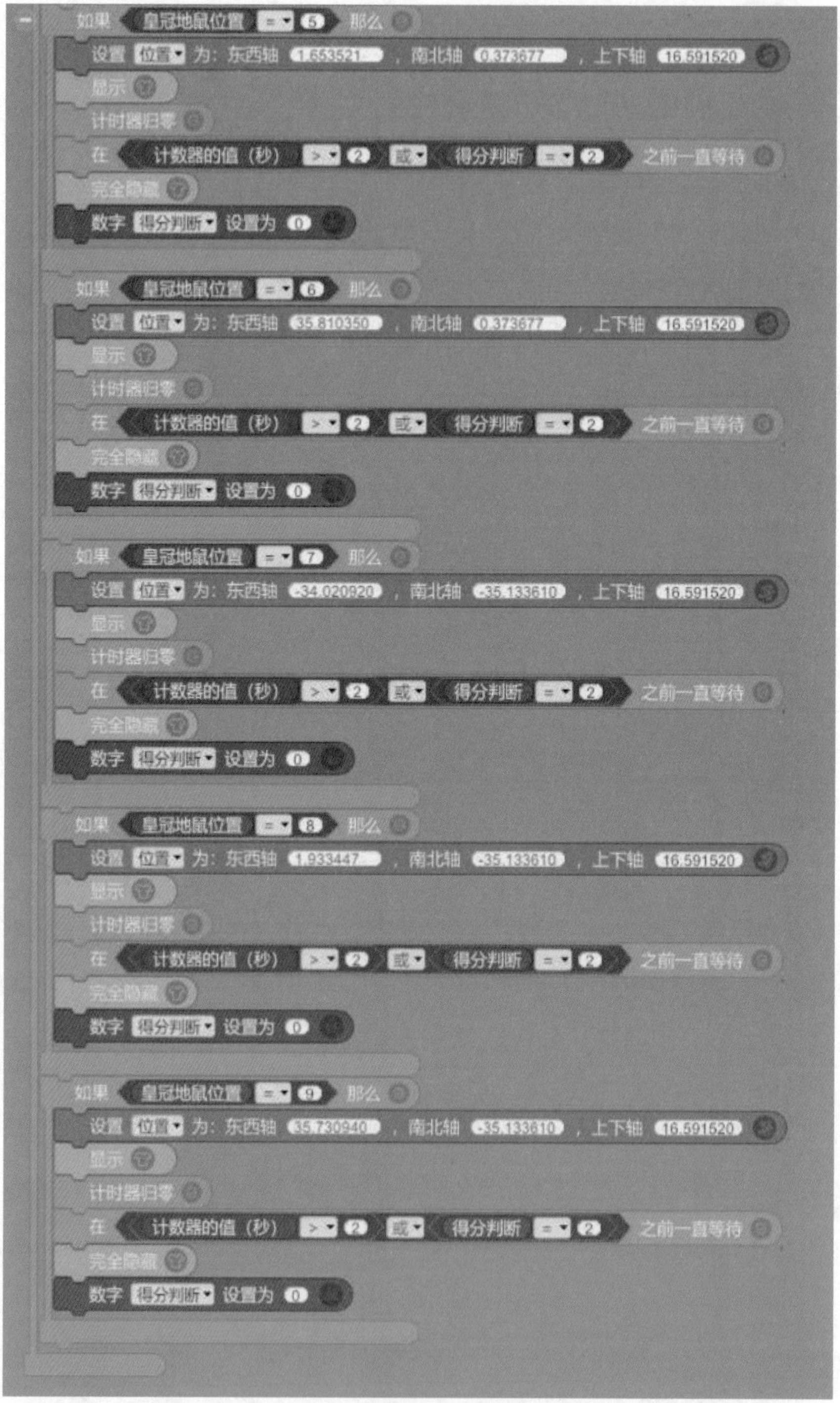

如果 皇冠地鼠位置 =▼ 5 那么
　设置 位置▼ 为：东西轴 1.653521 ，南北轴 0.373677 ，上下轴 16.591520
　显示
　计时器归零
　在 计数器的值（秒） >▼ 2 或▼ 得分判断 =▼ 2 之前一直等待
　完全隐藏
　数字 得分判断▼ 设置为 0

如果 皇冠地鼠位置 =▼ 6 那么
　设置 位置▼ 为：东西轴 35.810350 ，南北轴 0.373677 ，上下轴 16.591520
　显示
　计时器归零
　在 计数器的值（秒） >▼ 2 或▼ 得分判断 =▼ 2 之前一直等待
　完全隐藏
　数字 得分判断▼ 设置为 0

如果 皇冠地鼠位置 =▼ 7 那么
　设置 位置▼ 为：东西轴 -34.020920 ，南北轴 -35.133610 ，上下轴 16.591520
　显示
　计时器归零
　在 计数器的值（秒） >▼ 2 或▼ 得分判断 ≠▼ 2 之前一直等待
　完全隐藏
　数字 得分判断▼ 设置为 0

如果 皇冠地鼠位置 =▼ 8 那么
　设置 位置▼ 为：东西轴 1.933447 ，南北轴 -35.133610 ，上下轴 16.591520
　显示
　计时器归零
　在 计数器的值（秒） >▼ 2 或▼ 得分判断 =▼ 2 之前一直等待
　完全隐藏
　数字 得分判断▼ 设置为 0

如果 皇冠地鼠位置 =▼ 9 那么
　设置 位置▼ 为：东西轴 35.730940 ，南北轴 -35.133610 ，上下轴 16.591520
　显示
　计时器归零
　在 计数器的值（秒） >▼ 2 或▼ 得分判断 =▼ 2 之前一直等待
　完全隐藏
　数字 得分判断▼ 设置为 0

图6-25

提示："计时器"模块的引入是为了结合"在……之前一直等待"模块，更好地控制皇冠地鼠出现与消失的时间间隔，计时器时间间隔应与普通地鼠一致，避免普通地鼠计时器归零过快，而皇冠地鼠计时器时间不满足条件，导致皇冠地鼠无法移动。

当"皇冠地鼠位置"与"普通地鼠位置"或"炸弹位置"变量的值相等时，为变量重新赋值。使用"运算"模块中的"且"和"或"逻辑运算模块，实现当"普通地鼠位置"与"皇冠地鼠位置"或"炸弹位置"相等时，重新选取变量数值的功能，如图6-26和图6-27所示。

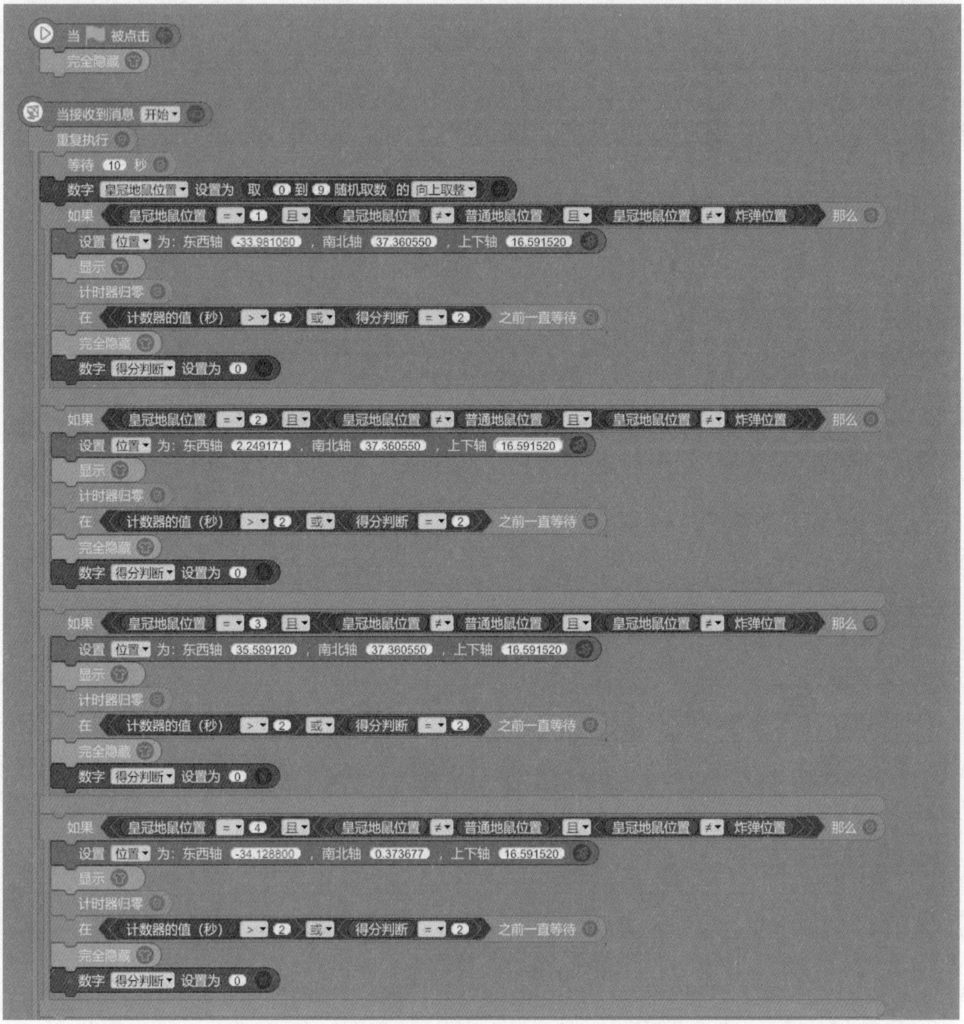

图6-26

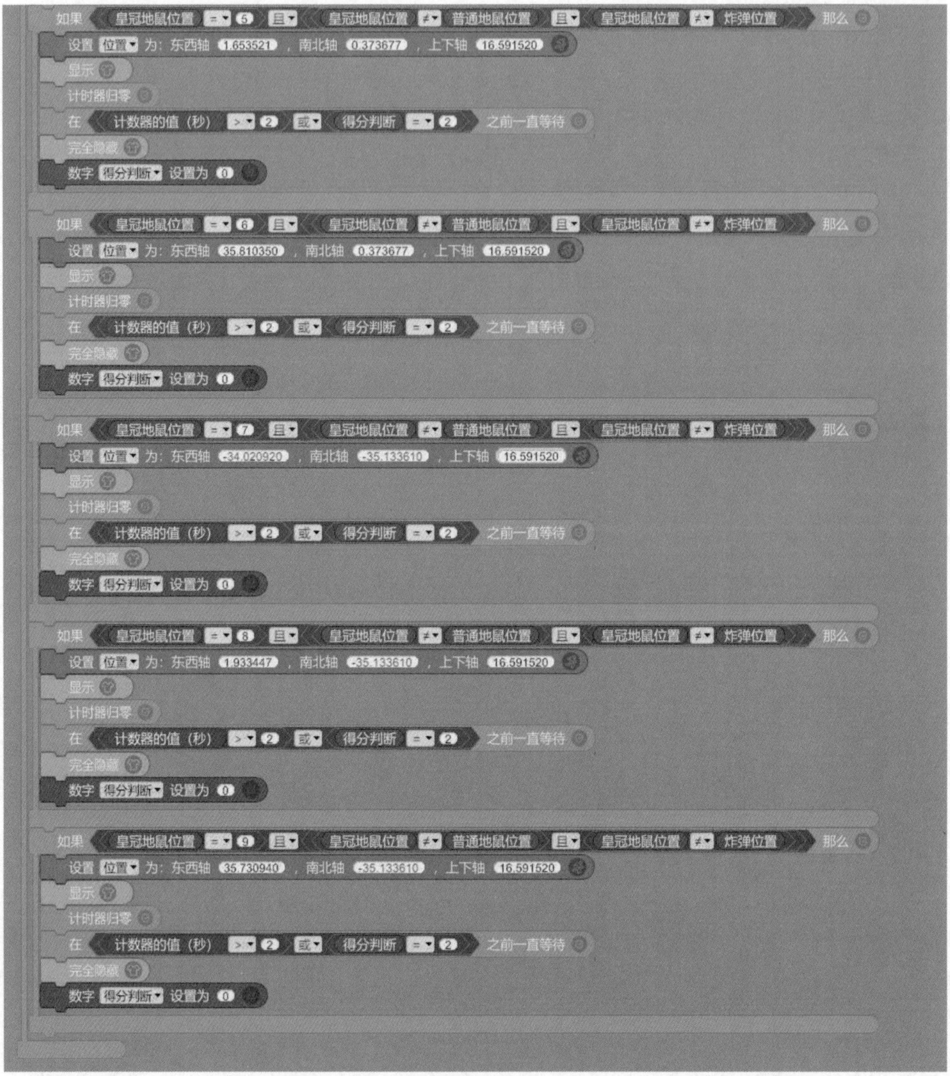

如果 〈 皇冠地鼠位置 = 5 〉 且 〈 皇冠地鼠位置 ≠ 普通地鼠位置 〉 且 〈 皇冠地鼠位置 ≠ 炸弹位置 〉 那么
　设置 位置 为：东西轴 1.653521 ，南北轴 0.373677 ，上下轴 16.591520
　显示
　计时器归零
　在 〈 计数器的值（秒） > 2 或 得分判断 = 2 〉 之前一直等待
　完全隐藏
　数字 得分判断 设置为 0

如果 〈 皇冠地鼠位置 = 6 〉 且 〈 皇冠地鼠位置 ≠ 普通地鼠位置 〉 且 〈 皇冠地鼠位置 ≠ 炸弹位置 〉 那么
　设置 位置 为：东西轴 35.810350 ，南北轴 0.373677 ，上下轴 16.591520
　显示
　计时器归零
　在 〈 计数器的值（秒） > 2 或 得分判断 = 2 〉 之前一直等待
　完全隐藏
　数字 得分判断 设置为 0

如果 〈 皇冠地鼠位置 = 7 〉 且 〈 皇冠地鼠位置 ≠ 普通地鼠位置 〉 且 〈 皇冠地鼠位置 ≠ 炸弹位置 〉 那么
　设置 位置 为：东西轴 -34.020920 ，南北轴 -35.133610 ，上下轴 16.591520
　显示
　计时器归零
　在 〈 计数器的值（秒） > 2 或 得分判断 = 2 〉 之前一直等待
　完全隐藏
　数字 得分判断 设置为 0

如果 〈 皇冠地鼠位置 = 8 〉 且 〈 皇冠地鼠位置 ≠ 普通地鼠位置 〉 且 〈 皇冠地鼠位置 ≠ 炸弹位置 〉 那么
　设置 位置 为：东西轴 1.933447 ，南北轴 -35.133610 ，上下轴 16.591520
　显示
　计时器归零
　在 〈 计数器的值（秒） > 2 或 得分判断 = 2 〉 之前一直等待
　完全隐藏
　数字 得分判断 设置为 0

如果 〈 皇冠地鼠位置 = 9 〉 且 〈 皇冠地鼠位置 ≠ 普通地鼠位置 〉 且 〈 皇冠地鼠位置 ≠ 炸弹位置 〉 那么
　设置 位置 为：东西轴 35.730940 ，南北轴 -35.133610 ，上下轴 16.591520
　显示
　计时器归零
　在 〈 计数器的值（秒） > 2 或 得分判断 = 2 〉 之前一直等待
　完全隐藏
　数字 得分判断 设置为 0

图6-27

4. 炸弹

图6-28

在"打地鼠角色库"中找到"物品_炸弹"角色，添加该角色到场景中，修改角色名称为"炸弹"，如图6-28所示。

角色基本功能：炸弹作为游戏的惩罚角色出现，需要在1～9号地鼠洞中随机出现，且不与普通地鼠角色和皇冠地鼠角色重合。当被锤子击打或达到一定时间后消失并在新的地鼠洞中出现，并且当被击打后，游戏失败，程序停止。

程序编写过程如下。

定位：根据地鼠洞编号，将炸弹移动到对应位置并分别记录下位置坐标，将坐标、地鼠洞编号与变量"炸弹位置"进行一一对应，如图6-29和图6-30所示。

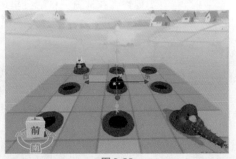

图6-29

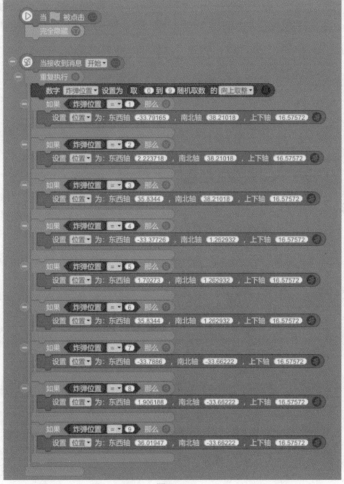

图6-30

当炸弹被锤子击打或达到一定时间后消失，并在新的地鼠洞中出现；当被击打后，游戏失败，程序停止。结合"得分判断"变量与"计时器"变量，为炸弹添加"外观"模块中的"显示"与"完全隐藏"指令，实现炸弹在地鼠洞中随机出现和击打判定，如图6-31和图6-32所示。

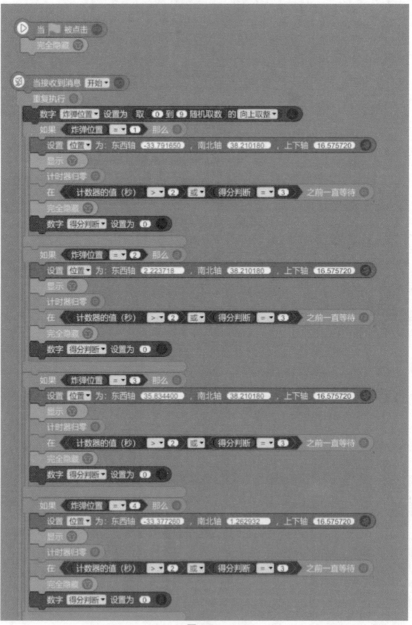

图6-31

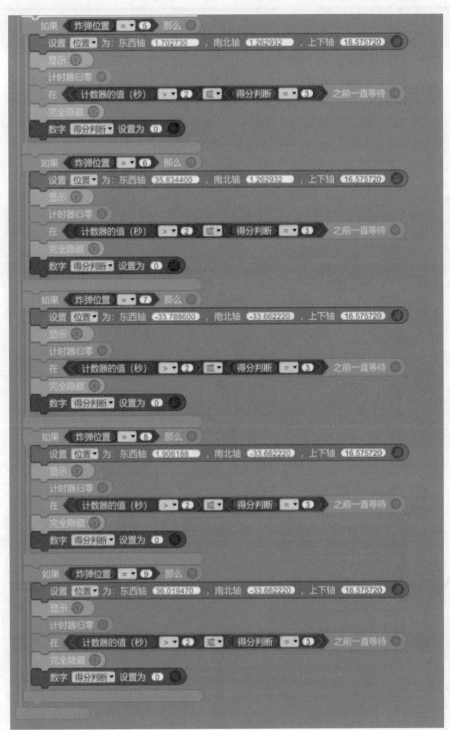

图6-32

提示： 计时器模块的引入是为了结合"在……之前一直等待"模块，更好地控制炸弹出现与消失的时间间隔，计时器时间间隔应与普通地鼠一致，避免普通地鼠计时器归零过快，而炸弹计时器时间不满足条件，导致炸弹无法移动。

当"炸弹位置"与"皇冠地鼠位置"或"普通地鼠位置"变量的值相等时，为变量重新赋值。使用"运算"模块中的"且"和"或"逻辑运算模块，实现当"普通地鼠位置"与"皇冠地鼠位置"或"炸弹位置"相等时，重新选取变量数值的功能，如图6-33和图6-34所示。

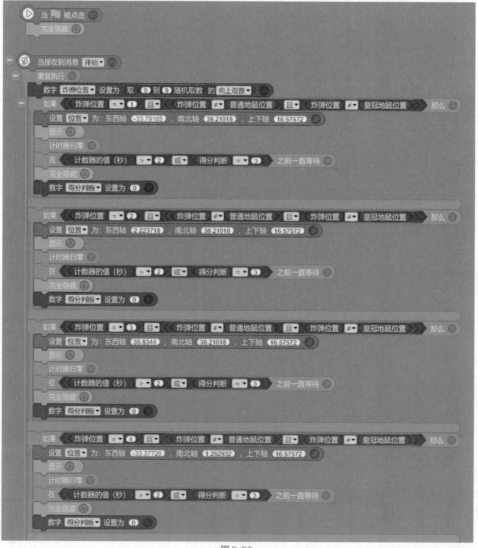

图6-33

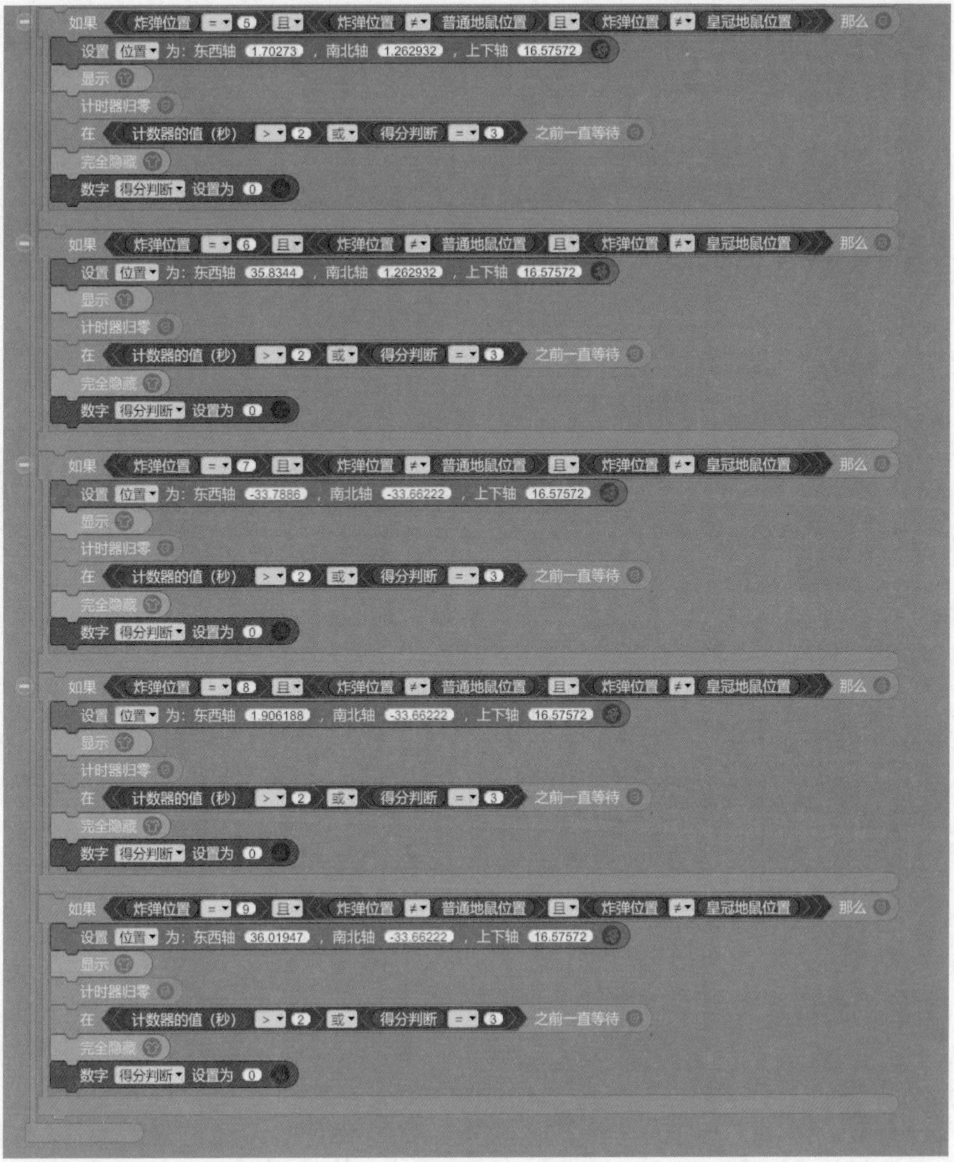

图6-34

5. 其他程序设置

当将各个角色的基本程序编写好后，需要将变量、广播等起到串联各个角色的程序进行初始化设置。将变量"得分判断""普通地鼠位置""皇冠地鼠位置""炸弹位置""得分"的初始值分别设为"0""1""2""3""0"，确保每次程序运行时都可以正常触发。通过广播触发开始、加分及结束等功能，如图6-35所示。

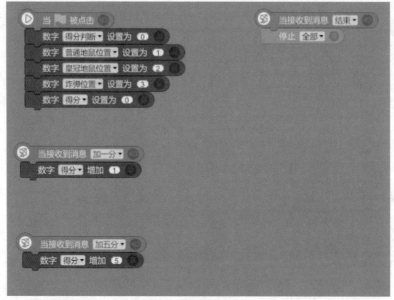

图 6-35

提示:(1)变量"普通地鼠位置""皇冠地鼠位置""炸弹"初始值设为"1""2""3"是为了在开始时使3个角色分别出现在3个地鼠洞,避免重合。(2)因为有重复执行的存在,当接收到"结束"消息,"停止全部"这条指令需要为每个带有程序的角色都添加上,才能正确地停止程序。

右键单击"得分"变量,在弹出的菜单中选择【显示】命令,将变量的数值显示在右上角,代表当前得分,如图6-36和图6-37所示。

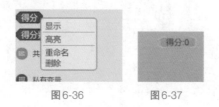

图 6-36   图 6-37

6.5　小结

本章我们温习了角色移动的知识,实现了锤子可以随着鼠标自由移动的效果,还试着通过引入变量,让普通地鼠和皇冠地鼠从地鼠洞随机出现。变量的用处当然不仅如此,本章还用变量记录得分,控制炸弹随机出现。可以看出,变量是编程中非常有用的工具,大家可以再试试,有没有想实现的新功能,新功能是否需要用到变量呢?

第7章

游戏编程挑战（2）——赛马

现代赛马运动起源于英国，其竞赛方法和组织管理远比古代赛马先进和科学，比赛形式也发展为平地赛马、障碍赛马、越野赛马、轻驾车比赛和接力赛马等不同种类。

本章我们将学习如何制作赛马游戏。体态优美的赛马在赛场上挥洒着汗水，马蹄纷飞，尘土飞扬，让比赛的紧张程度也增加几分。要完成本游戏的制作，首先要搭建赛马场的场景，然后在场景中分别完成赛马1、赛马2、赛马3的角色创建，再通过编程，让赛马可以奔跑起来。快来猜一猜哪匹马会成为第一名吧！

7.1 游戏简介

1. 游戏情节梗概

在热闹的赛马场上，有3匹明星赛马（1～3号）整装待发，随着比赛开始的指令响起，3匹赛马飞奔而出，在赛马场上你追我赶，好不热闹。时而赛马1奋勇当先，时而赛马2急起直追，赛马3也不甘示弱，实现了弯道超越。随着3匹赛马都冲过终点，这场精彩的比赛结束了，作为比赛的举办方，我们为赛马颁发了荣誉奖杯。比赛场景如图7-1所示。

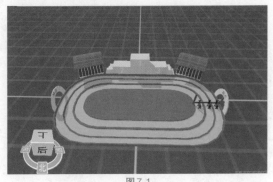

图7-1

2. 一起来分析

同学们，我们如何把赛马游戏在沐木编程中实现呢？每一个角色都要有对应的角色模型，想要让角色动起来、会说话，还得为它们编写程序。我们来逐一分析，如表7-1所示。

表7-1

游戏情节	角色（功能）
在热闹的赛马场上，有3匹明星赛马（1～3号）整装待发	赛马场、赛马1、赛马2、赛马3
随着比赛开始的指令响起，3匹赛马飞奔而出，在赛马场上你追我赶，好不热闹	游戏开始指令、赛马（移动）
时而赛马1奋勇当先	赛马1（变速移动）
时而赛马2急起直追	赛马2（变速移动）
赛马3也不甘示弱，实现了弯道超越	赛马3（变速移动）
随着3匹赛马都冲过终点，这场精彩的比赛结束了	赛马（游戏结束判断）
作为比赛的举办方，我们为赛马颁发了荣誉奖杯	赛马（名次判断）

7.2 角色

本游戏需要添加16个角色，分别是赛马场、赛马1～赛马3、观众席1、观众席2、赛马1主视角、赛马1侧面视角、赛马1追随视角、赛马2主视角、赛马2侧面视角、赛马2追随视角、赛马3主视角、赛马3侧面视角、赛马3追随视角、赛马场整体视角，如图7-2所示。

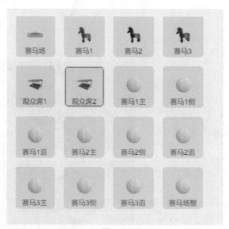

图7-2

下面分别介绍这些角色。

- 赛马场：赛马游戏的装饰型角色，不含程序，只起到装饰作用。
- 赛马1：赛马游戏的主体角色，在赛马场移动，比赛中可以变速移动。
- 赛马2：赛马游戏的主体角色，在赛马场移动，比赛中可以变速移动。
- 赛马3：赛马游戏的主体角色，在赛马场移动，比赛中可以变速移动。
- 观众席1：赛马游戏的装饰型角色，不含程序，位置在领奖台左边。
- 观众席2：赛马游戏的装饰型角色，不含程序，位置在领奖台右边。
- 赛马1主视角：将观看视角调整到1号赛马的正面，可以体验1号赛马比赛过程。
- 赛马1侧面视角：将观看视角调整到1号赛马的侧面，可以体验1号赛马比赛过程。
- 赛马1追随视角：将观看视角调整到1号赛马的后面，可以体验1号赛马比赛过程。
- 赛马2主视角：将观看视角调整到2号赛马的正面，可以体验2号赛马比赛过程。
- 赛马2侧面视角：将观看视角调整到2号赛马的侧面，可以体验2号赛马比赛过程。
- 赛马2追随视角：将观看视角调整到2号赛马的后面，可以体验2号赛马比赛过程。
- 赛马3主视角：将观看视角调整到3号赛马的正面，可以体验3号赛马比赛过程。
- 赛马3侧面视角：将观看视角调整到3号赛马的侧面，可以体验3号赛马比赛过程。
- 赛马3追随视角：将观看视角调整到3号赛马的后面，可以体验3号赛马比赛过程。
- 赛马场整体视角：将观看视角调整到赛马场上方，可以观看整个赛马比赛过程。

7.3　变量

本程序共用到了7个变量，分别是赛马1、赛马2、赛马3、冲线、赛马1摄像控制、赛马2摄像控制、赛马3摄像控制，如图7-3所示。

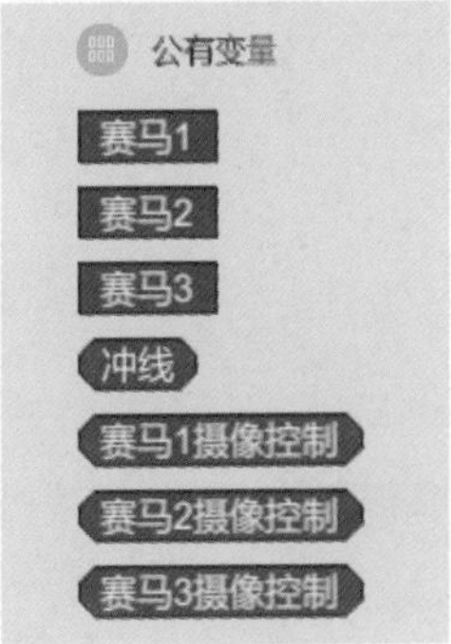

下面来介绍这些变量。

- 赛马1、赛马2和赛马3这3个变量都是文字变量，分别用来记录3匹赛马冲过终点的名次，当赛马第一个冲过终点，设置变量值为"第一"；当赛马第二个冲过终点，设置变量值为"第二"；当赛马第三个冲过终点，设置变量值为"第三"。

图7-3

- 冲线：变量类型是数字变量，当第一匹赛马冲过终点，设置变量值为"1"，当第二匹赛马冲过终点，设置变量值为"2"，当第三匹赛马冲过终点，设置变量值为"3"。
- 赛马1摄像控制：变量类型是数字变量，用于判断是否将视角转向赛马1。
- 赛马2摄像控制：变量类型是数字变量，用于判断是否将视角转向赛马2。
- 赛马3摄像控制：变量类型是数字变量，用于判断是否将视角转向赛马3。

7.4 项目制作

7.4.1 游戏场景搭建

1. 右键单击场景，在弹出的菜单中选择【属性】命令，将场景参数设置为【完全隐藏】，如图7-4和图7-5所示。

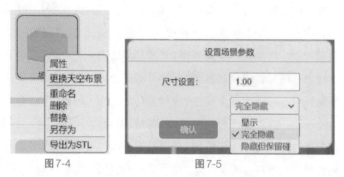

图7-4　　　　　　　　　图7-5

2. 右键单击场景，在弹出的菜单中选择【更换天空布景】命令，将默认布景更换为"城市"布景，如图7-6和图7-7所示。

图7-6

图7-7

3. 选用"赛马比赛"角色库中的"赛马道"角色，添加"赛马道"角色到场景中，将角色移动到中央并重命名为"赛马场"，用作赛马的地面场景，如图7-8和图7-9所示。

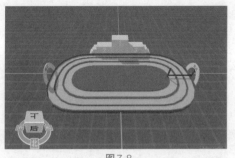

图 7-8

图 7-9

4. 选用"赛马比赛"角色库中的"观众坐席"角色，添加到场景中，将角色移动到合适位置并重命名为"观众席1"，如图7-10所示。重复以上操作，添加角色"观众席2"，如图7-11所示。

图 7-10

图 7-11

提示： 观众席只起到装饰作用，并无程序，可根据自身需求进行调整，方便记忆即可。

通过以上操作，赛马游戏的舞台就搭建好了，目前场景中的观众席只起到装饰作用，因此大小和位置可以根据自身喜好进行调整。快来试一试。

7.4.2 程序编写

1. 赛马1

在"赛马比赛"角色库中找到"赛马1"角色，添加"赛马1"角色到场景中，如

图7-12

图7-12所示。

角色基本功能：当绿旗被点击后，赛马1会出现在赛马场起点位置；当比赛开始时，赛马1会开始奔跑；随着比赛的进行，赛马1的速度会随机出现变化；当通过终点后，赛马1会停止奔跑，并根据排名出现在领奖台上。程序设置如图7-13所示。

图7-13

2. 赛马2

在"赛马比赛"角色库中找到"赛马2"角色，添加"赛马2"角色到场景中，如图7-14所示。

角色基本功能：当绿旗被点击后，赛马2会出现在赛马场起点位置；当比赛开始时，赛马2会开始奔跑；随着比赛的进行，赛马2的

图7-14

速度会随机出现变化；当通过终点后，赛马2会停止奔跑，并根据排名出现在领奖台上。
程序设置如图7-15所示。

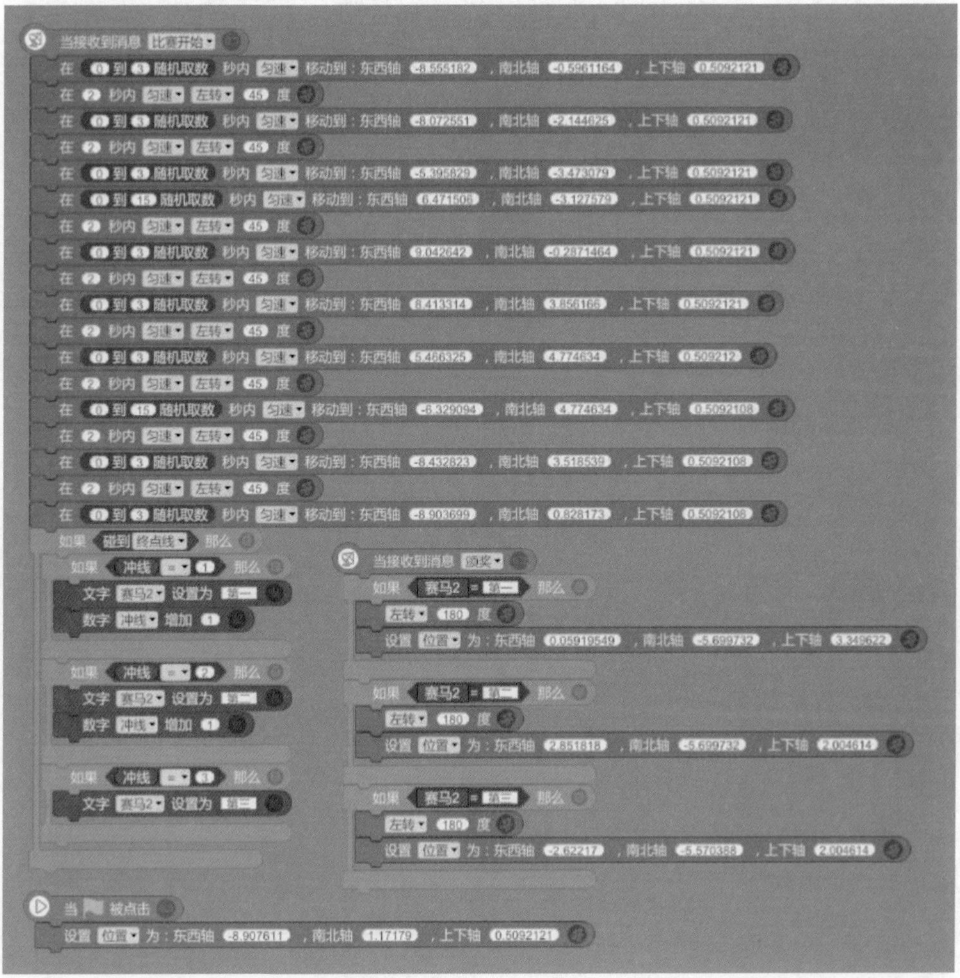

图7-15

3. 赛马3

在"赛马比赛"角色库中找到"赛马3"角色，添加"赛马3"
角色到场景中，如图7-16所示。

角色基本功能：当绿旗被点击后，赛马3会出现在赛马场起点位
置；当比赛开始时，赛马3会开始奔跑；随着比赛的进行，赛马3的
速度会随机出现变化；当通过终点后，赛马3会停止奔跑，并根据排
名出现在领奖台上。程序设置如图7-17所示。

赛马3

图7-16

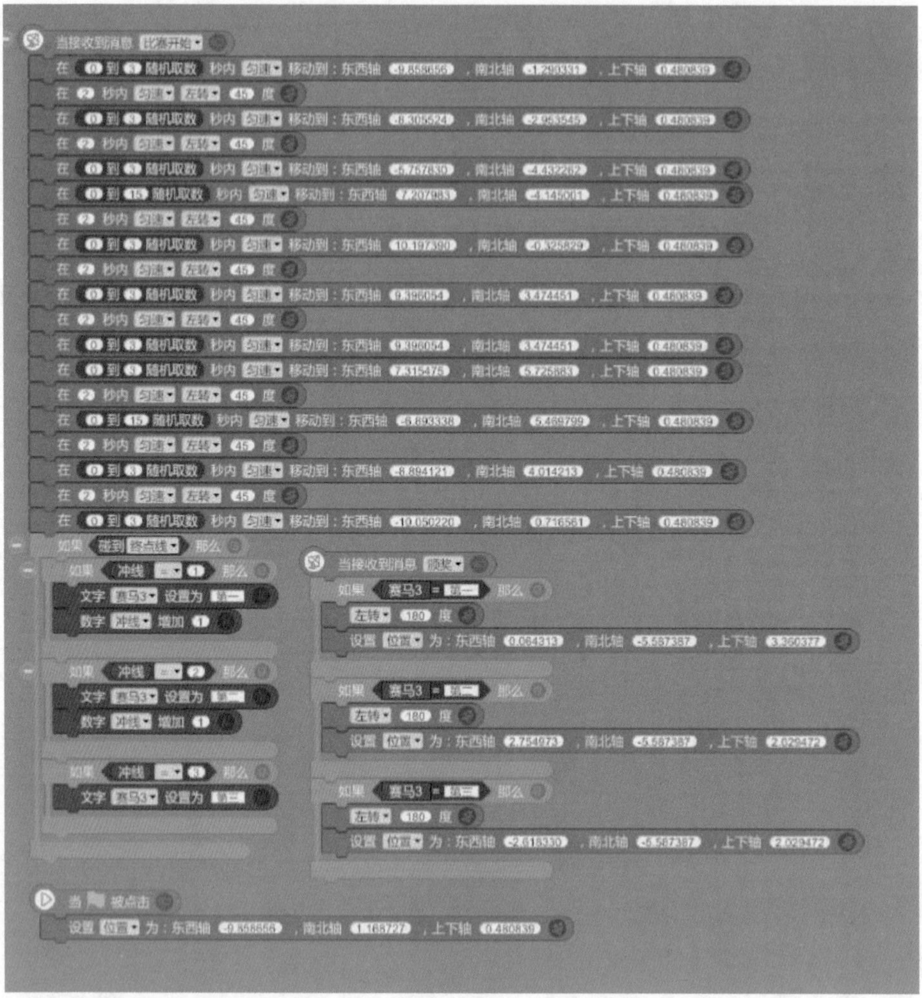

图 7-17

4. 赛马1主视角

在"我的世界"角色库中找到"木质积木_球"角色，添加该角色到场景中，重命名为"赛马1主视角"，如图7-18所示。

图 7-18

角色基本功能：赛马1主视角作为赛马1的摄像机视角出现，需要与赛马1固定位置并共同移动，且不显示。当按下指定按键后，画面切换为该角色的驾驶视角。

程序编写：根据摄像头位置的命名，将摄像头移动到对应编号的赛马的相应位置，并调整角色的面向方向，将正前方对准需要展现的画面，并将角色与赛马绑定到一起，如图7-19和图7-20所示。

图7-19

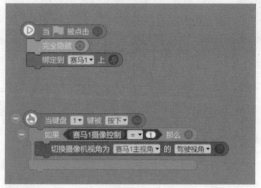

图7-20

提示： 加入条件判断是为了使用更少的按键实现切换效果，当按下同一个按键后随着变量的变化实现不同视角用同一按键控制的效果。

5. 赛马1侧面视角

在"我的世界"角色库中找到"木质积木_球"角色，添加该角色到场景中，重命名为"赛马1侧面视角"，如图7-21所示。

角色基本功能：赛马1侧面视角作为赛马1的摄像机视角出现，需要与赛马1固定位置并共同移动，且不显示。当按下指定按键后，画面切换为该角色的驾驶视角。

图7-21

程序编写：根据摄像头位置的命名，将摄像头移动到对应编号的赛马的相应位置，并调整角色的面向方向，将正前方对准需要展现的画面，并将角色与赛马绑定到一起，如图7-22和图7-23所示。

图 7-22

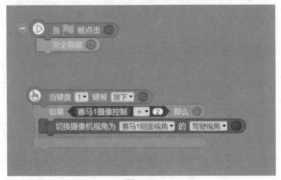

图 7-23

6. 赛马1追随视角

在"我的世界"角色库中找到"木质积木_球"角色，添加该角色到场景中，重命名为"赛马1追随视角"，如图7-24所示。

角色基本功能：赛马1追随视角作为赛马1的摄像机视角出现，需要与赛马1固定位置并共同移动，且不显示。当按下指定按键后，画面切换为该角色的驾驶视角。

图 7-24

程序编写：根据摄像头位置的命名，将摄像头移动到对应编号的赛马的相应位置，并调整角色的面向方向，将正前方对准需要展现的画面，并将角色与赛马绑定到一起，如图7-25和图7-26所示。

图7-25

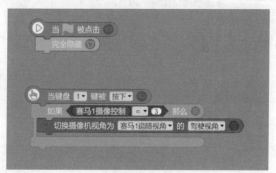

图7-26

用同样的方式完成赛马2及赛马3的3个视角的制作。

7. 其他程序设置

当将各个角色的基本程序编写好后，需要将变量、广播等起到串联各角色的程序进行初始化设置。将变量"赛马1摄像控制""赛马2摄像控制""赛马3摄像控制"的初始值分别设为"0"，确保每次程序运行时都可以正常触发。将比赛的初始视角设置为赛马场整体视角的驾驶视角，确保在比赛开始时可以进行全览，如图7-27所示。

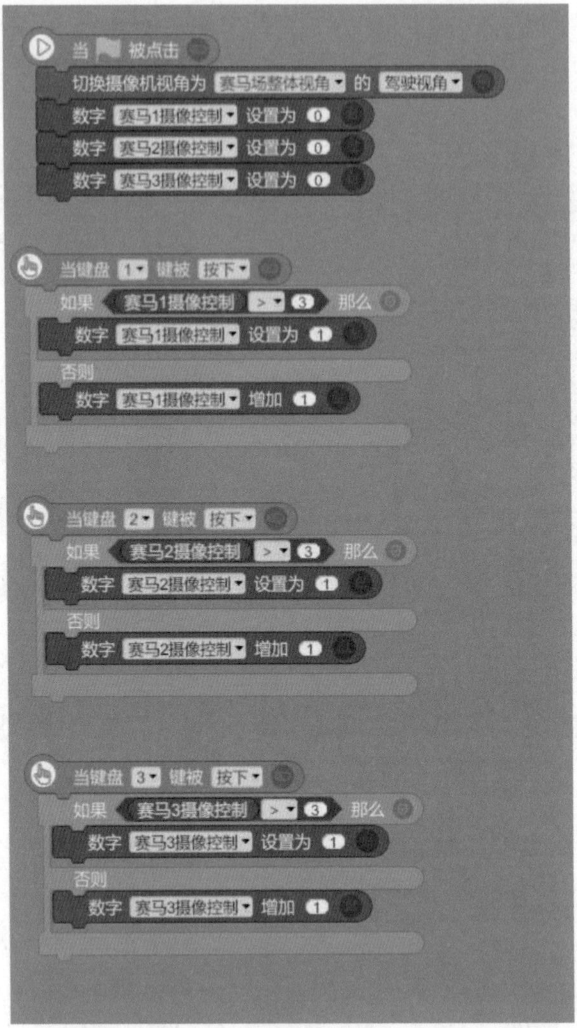

图 7-27

提示:(1)变量"赛马1摄像控制""赛马2摄像控制""赛马3摄像控制"初始值设为"0"是为了在开始时使视角固定为赛马场整体视角,之后通过按键实现切换。(2)因为每次按下按键后变量的数值都会增加,为了防止数值无限次地增加下去,需要给变量的数值进行限制,已知同一匹赛马的观察视角有3个,所以当变量数值大于3时,将变量的数值进行复位,以此确保变量的数值只在1、2、3之间变换。

任务拓展:可以在绿旗被点击后加入3匹赛马的初始视角总览效果,即加入一个在3匹赛马前平滑移动的效果,以此模拟现实中赛马场的演播效果,角色及程序设置如图7-28和图7-29所示。

当 ▶ 被点击
设置 位置▼ 为：东西轴 -7.339773 ，南北轴 0 ，上下轴 0.970621

当接收到消息 开场介绍▼
切换摄像机视角为 开场视角▼ 的 驾驶视角▼
在 10 秒内 匀速▼ 移动到：东西轴 -10.140610 ，南北轴 0 ，上下轴 0.970621
切换摄像机视角为 赛马场整体视角▼ 的 驾驶视角▼

图 7-28

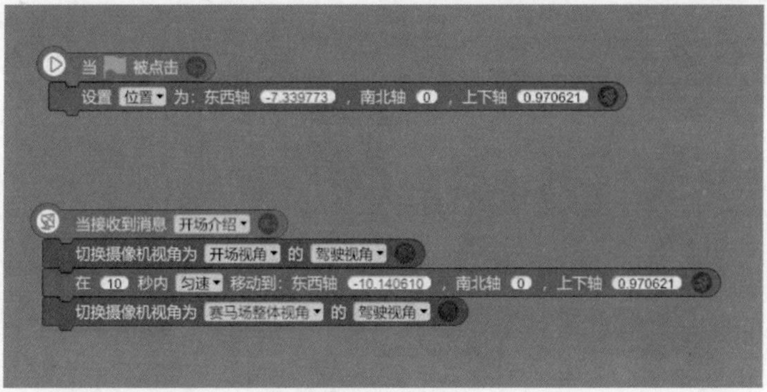

图 7-29

7.5 小结

本章通过设计赛马游戏，再次温习了角色移动、变量等知识，并且将摄像机引入项目中。在赛马游戏中，通过设计主视角、侧面视角和追随视角，能够像真正的赛马比赛直播一样，让大家感受激烈的比赛过程。摄像机的设置对于最终的体验非常重要，大家可以通过不断调整摄像机角度，拍出更完美的效果。快来在沐木编程中成为一名摄像师吧！

第8章

游戏编程挑战（3）——连连看

▷ 亲爱的同学：

　　你玩过连连看游戏吗？游戏规则很简单，就是在规定时间内将两种相同的图案找出来，并用线连起来。你知道吗？网上的连连看游戏经过多年的发展，经历了桌面游戏、在线游戏、社交游戏3个过程，才形成今天我们熟悉的样子。连连看游戏广受玩家喜爱，吸引众多程序员开发出多种版本，在游戏网站上，连连看游戏总是排在受玩家欢迎排名的前5位。不分男女老少，休闲、趣味、益智是连连看游戏百玩不厌的精华。

　　本章将学习如何设计连连看游戏。在场景中，十二生肖中的小动物们将两两随机出现，我们可以通过单击配对的方式消除成对的小动物。首先需要使用沐木编程搭建连连看游戏的场景，然后在场景中分别完成十二生肖角色的创建，最后通过编程，实现动物们随机出现和消除的功能。快来一起试试吧！

8.1 游戏简介

1. 游戏情节梗概

图8-1

　　在草原上，代表十二生肖的小动物们正在聚会，它们两两一起来参加聚会，因为会场太大了，导致小动物们和自己的伙伴走失了。你能帮助小动物找到自己的伙伴？游戏场景如图8-1所示。

2. 一起来分析

　　同学们，我们该如何把连连看游

戏在沐木编程中实现呢？每一个角色都要有对应的角色模型，想要让角色动起来、会说话，还得为它们编写程序。我们来逐一分析吧，如表8-1所示。

表8-1

游戏情节	角色（功能）
在草原上，代表十二生肖的小动物们正在聚会	草原背景和十二生肖小动物（鼠、牛、虎、兔、龙、蛇、马、羊、猴、鸡、狗、猪）
它们两两一起来参加聚会，因为会场太大了，导致小动物们和自己的伙伴走失了	游戏开始指令，角色在场地内随机出现
你能帮助小动物找到自己的伙伴吗	相同小动物连连看：成功，角色消失；失败，连接无效

8.2 角色

本游戏需要添加25个角色，分别是老鼠1、老鼠2、牛1、牛2、老虎1、老虎2、兔子1、兔子2、龙1、龙2、蛇1、蛇2、马1、马2、羊1、羊2、猴子1、猴子2、鸡1、鸡2、狗1、狗2、猪1、猪2、固定视角，如图8-2所示。

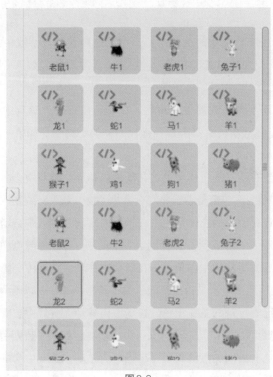

图8-2

下面分别介绍这些角色。

- 老鼠1：生肖连连看游戏的主体角色，在场地内移动，游戏中会随机出现，当鼠标在角色内单击后，会判断两次单击是否选择同一类小动物，如果一致则两只动物同时消失。

- 老鼠2：生肖连连看游戏的主体角色，在场地内移动，游戏中会随机出现，当鼠标在角色内单击后，会判断两次单击是否选择同一类小动物，如果一致则两只动物同时消失。

- 牛1：生肖连连看游戏的主体角色，在场地内移动，游戏中会随机出现，当鼠标在角色内单击后，会判断两次单击是否选择同一类小动物，如果一致则两只动物同时消失。

- 牛2：生肖连连看游戏的主体角色，在场地内移动，游戏中会随机出现，当鼠标在角色内单击后，会判断两次单击是否选择同一类小动物，如果一致则两只动物同时消失。

- 老虎1：生肖连连看游戏的主体角色，在场地内移动，游戏中会随机出现，当鼠标在角色内单击后，会判断两次单击是否选择同一类小动物，如果一致则两只动物同时消失。

- 老虎2：生肖连连看游戏的主体角色，在场地内移动，游戏中会随机出现，当鼠标在角色内单击后，会判断两次单击是否选择同一类小动物，如果一致则两只动物同时消失。

- 兔子1：生肖连连看游戏的主体角色，在场地内移动，游戏中会随机出现，当鼠标在角色内单击后，会判断两次单击是否选择同一类小动物，如果一致则两只动物同时消失。

- 兔子2：生肖连连看游戏的主体角色，在场地内移动，游戏中会随机出现，当鼠标在角色内单击后，会判断两次单击是否选择同一类小动物，如果一致则两只动物同时消失。

- 龙1：生肖连连看游戏的主体角色，在场地内移动，游戏中会随机出现，当鼠标在角色内单击后，会判断两次单击是否选择同一类小动物，如果一致则两只动物同时消失。

- 龙2：生肖连连看游戏的主体角色，在场地内移动，游戏中会随机出现，当鼠标在角色内单击后，会判断两次单击是否选择同一类小动物，如果一致则两只动物同时消失。

- 蛇1：生肖连连看游戏的主体角色，在场地内移动，游戏中会随机出现，当鼠标在角色内单击后，会判断两次单击是否选择同一类小动物，如果一致则两只动物同时消失。

- 蛇2：生肖连连看游戏的主体角色，在场地内移动，游戏中会随机出现，当鼠标在角色内单击后，会判断两次单击是否选择同一类小动物，如果一致则两只动物同时消失。

- 马1：生肖连连看游戏的主体角色，在场地内移动，游戏中会随机出现，当鼠标在角色内单击后，会判断两次单击是否选择同一类小动物，如果一致则两只动物同时消失。

- 马2：生肖连连看游戏的主体角色，在场地内移动，游戏中会随机出现，当鼠标在角色内单击后，会判断两次单击是否选择同一类小动物，如果一致则两只动物同时消失。

- 羊1：生肖连连看游戏的主体角色，在场地内移动，游戏中会随机出现，当鼠标在角色内单击后，会判断两次单击是否选择同一类小动物，如果一致则两只动物同时消失。

- 羊2：生肖连连看游戏的主体角色，在场地内移动，游戏中会随机出现，当鼠标在角色内单击后，会判断两次单击是否选择同一类小动物，如果一致则两只动物同时消失。

- 猴子1：生肖连连看游戏的主体角色，在场地内移动，游戏中会随机出现，当鼠标在角色内单击后，会判断两次单击是否选择同一类小动物，如果一致则两只动物同时消失。

- 猴子2：生肖连连看游戏的主体角色，在场地内移动，游戏中会随机出现，当鼠标在角色内单击后，会判断两次单击是否选择同一类小动物，如果一致则两只动物同时消失。

- 鸡1：生肖连连看游戏的主体角色，在场地内移动，游戏中会随机出现，当鼠标在角色内单击后，会判断两次单击是否选择同一类小动物，如果一致则两只动物同时消失。

- 鸡2：生肖连连看游戏的主体角色，在场地内移动，游戏中会随机出现，当鼠标在角色内单击后，会判断两次单击是否选择同一类小动物，如果一致则两只动物同时消失。

- 狗1：生肖连连看游戏的主体角色，在场地内移动，游戏中会随机出现，当鼠标在角色内单击后，会判断两次单击是否选择同一类小动物，如果一致则两只动物同时消失。

- 狗2：生肖连连看游戏的主体角色，在场地内移动，游戏中会随机出现，当鼠标在角色内单击后，会判断两次单击是否选择同一类小动物，如果一致则两只动物同时消失。

- 猪1：生肖连连看游戏的主体角色，在场地内移动，游戏中会随机出现，当鼠标在角色内单击后，会判断两次单击是否选择同一类小动物，如果一致则两只动物同时消失。

- 猪2：生肖连连看游戏的主体角色，在场地内移动，游戏中会随机出现，当鼠标在角色内单击后，会判断两次单击是否选择同一类小动物，如果一致则两只动物同时消失。

- 固定视角：连连看游戏的视角角色，隐藏外观，在程序运行时不显示，起到模拟摄像头视角的功能。

8.3 变量

本程序共用到了4个变量，点击次数、第一次名称、第二次名称、防连点，如图8-3所示。

图8-3

下面来介绍这些变量。

• 点击次数：变量类型是数字变量，变量值为"0""1""2"，用于判断单击的次数和控制单击后造型名称的记录。初始值为"0"，当第一次单击角色时变为"1"，表明第一次单击造型角色，当第二次单击角色时变为"2"，表明第二次单击造型角色。当变量值变为"2"时，将变量"第一次名称"和"第二次名称"进行对比。

• 第一次名称：变量类型是文字变量，根据变量单击次数的变化，将造型名称记录到变量中，当"点击次数"变为"2"时，与变量"第二次名称"进行对比，判断两次单击的是否为同一造型。

• 第二次名称：变量类型是文字变量，根据变量单击次数的变化，将造型名称记录到变量中，当"点击次数"变为"2"时，与变量"第一次名称"进行对比，判断两次单击的是否为同一造型。

• 防连点：变量类型是数字变量，变量值为"0""1""2"，用于防止连续单击同一角色导致角色消失。

8.4 项目制作

8.4.1 游戏场景搭建

右键单击场景，在弹出的菜单中选择【属性】命令，将场景参数的【尺寸设置】修改为"3"，如图8-4和图8-5所示。

图8-4

图8-5

　　右键单击场景，在弹出的菜单中选择【更换天空布景】命令，将默认布景更换为"城市"布景，如图8-6和图8-7所示。

图8-6

图8-7

　　通过以上操作，连连看游戏的舞台就搭建完成了。目前场景中的角色及属性只起装饰作用，因此大小和位置可以进行调整，呈现随机分布的效果即可。快来试一试。

8.4.2 程序编写

　　1. 老鼠1

　　在"生肖"角色库中找到"动物_生肖1_钻研鼠"角色，添加该角色到场景中，并重命名为"老鼠1"，如图8-8所示。

　　角色的基本功能介绍如下。

　　当绿旗被单击后，老鼠1会在场地中随机出现。

　　当角色被单击后，如果是第一次单击选择该角色，将变量"第一次名称"设置为"老鼠"，记录第一次单击结果；将变量"点击次数"设置为"1"，表示已经选择第一个角色；将变量"防连点"设置为"1"，表示当前已经单击该角色一次。

老鼠1

图8-8

　　如果是第二次单击选择该角色，需要判断是否出现同一角色连击的情况。当第二次单击选择该角色不是连击时，将变量"第二次名称"设置为"老鼠"，记录第二次单击结果；将变量"点击次数"设置为"2"，表示已经选择第二个角色。

只有当变量"第一次名称"和"第二次名称"的内容一致时，对应的角色才会同时消失。这里通过广播角色名称的方式实现，如分别选择两只老鼠造型后，会广播"老鼠消失"消息，并将所有变量重置。当老鼠造型收到消息"老鼠消失"时，执行"隐藏"命令。程序设置如图8-9所示。

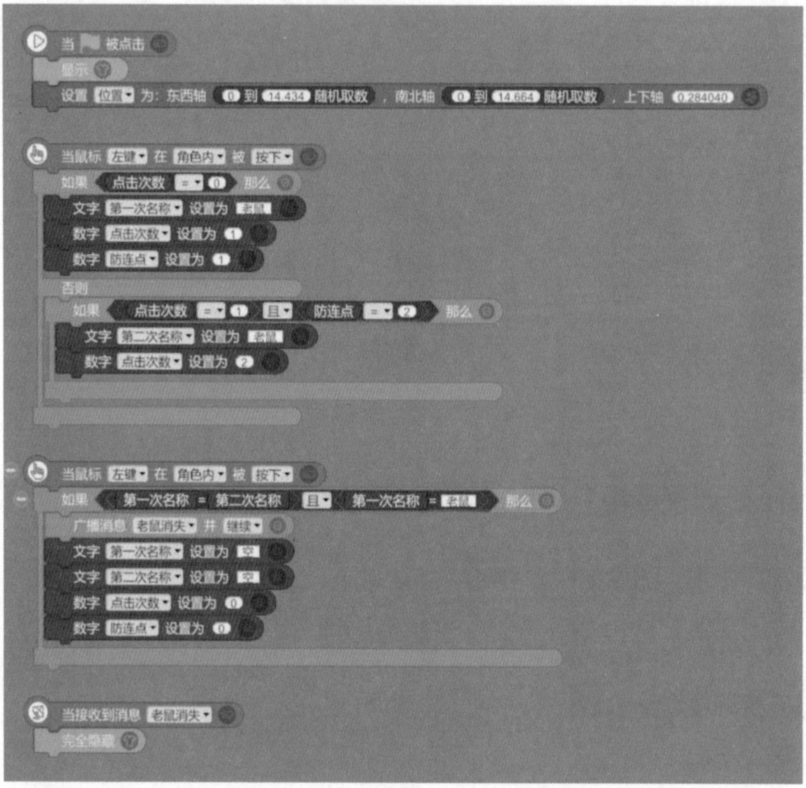

图8-9

提示：为了使角色在场景内随机出现，需要先将角色移动到场景边缘，并且记录下当前的坐标数值，在绿旗被单击后设置位置时，将东西轴及南北轴坐标在边缘坐标间取随机值即可实现随机出现的功能。

2. 老鼠2

图8-10

在"生肖"角色库中找到"动物_生肖1_钻研鼠"角色，添加该角色到场景中，并重命名为"老鼠2"，如图8-10所示。

角色老鼠2的基本功能与角色老鼠1的一致，可以使用复制功能，将角色老鼠1的代码复制到角色老鼠2中。相关操作如图8-11所示。

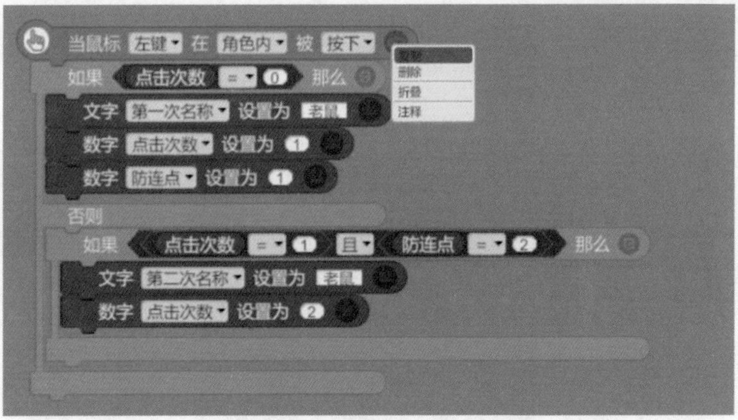

图 8-11

3. 其他角色

其他生肖角色与老鼠角色的设置方式相同，需要注意的是变量"第一次名称"和"第二次名称"的赋值，如图 8-12 所示。对于不同的造型，需要设置不同的隐藏消息，如图 8-13 所示。

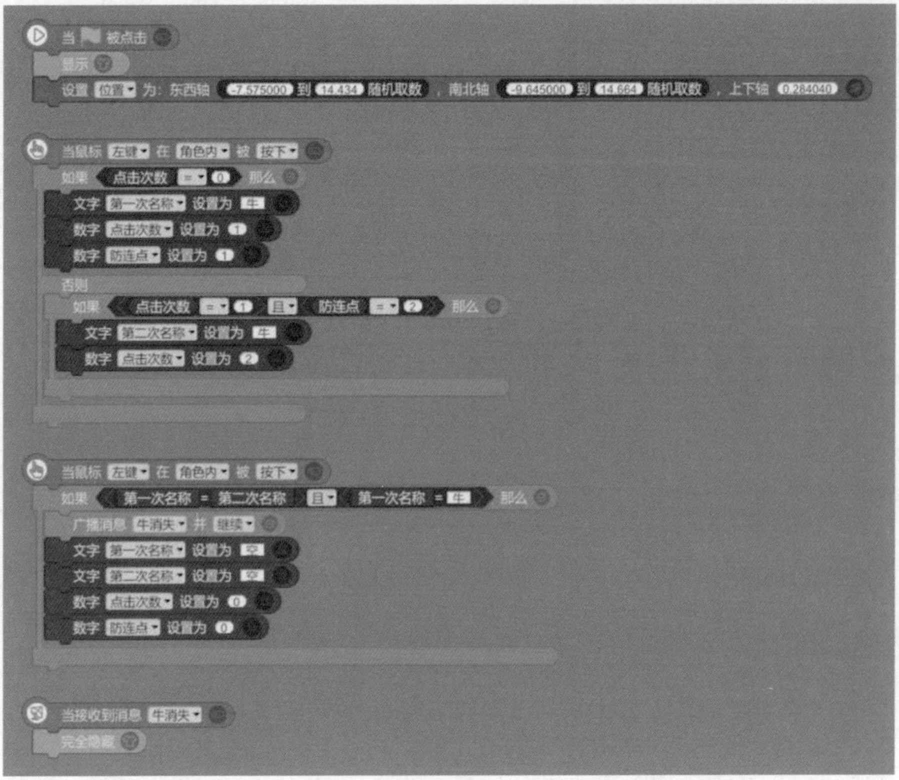

图 8-12

图 8-13

4. 视角

图 8-14

在"我的世界"角色库中找到"木质积木_球"角色，添加该角色到场景中，重命名为"固定视角"，如图 8-14 所示。

角色基本功能：作为游戏的主体视角，在绿旗被单击后隐藏外观，将视角设置为角色的驾驶视角。

程序编写：根据摄像头位置的命名，将摄像头移动到对应位置，并调整角色的方向，将正前方对准需要展现的画面，如图 8-15 和图 8-16 所示。

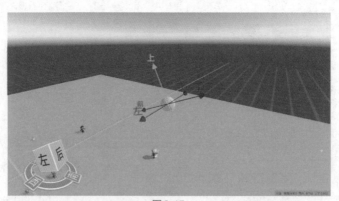

图 8-15

图 8-16

提示： 加入条件判断是为了使用更少的按键实现切换效果，当按下同一个按键后随着变量的变化实现不同视角使用同一按键控制的效果。

5. 其他程序设置

当将各个角色的基本程序编写好后，需要将变量进行初始设置，初始变量的代码保存在场景中。

将变量"点击次数"在绿旗被单击后设置为"0"，确保每次开始时单击次数为"0"，不受之前程序运行的影响。同理，在绿旗被单击后将变量"第一次名称"和"第二次名称"设置为"空"，确保每次游戏开始时，变量对比结果不相同。变量"防连点"设置为"0"，确保每次开始时连击判定次数为"0"，如图8-17所示。

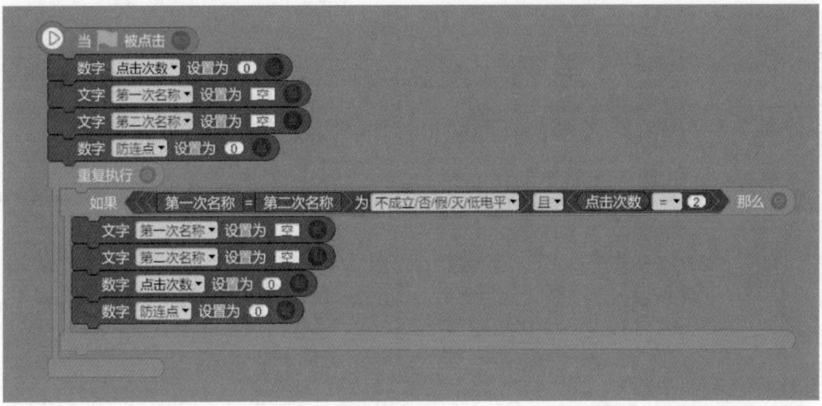

图8-17

提示： 程序编写完成之后可以发现，分别选中两个相同造型的角色后，还需要再单击一次才能完成消除。我们是否可以优化现在这个方案，让游戏有更好的表现呢？

8.5　小结

本章我们学习了连连看游戏的制作，包括如何让角色随机出现在场景中的不同位置，如何通过变量判断是否选择了同样的角色。我们也首次遇到大批量复制角色代码及调整视角的问题，相信这些问题都在学习中得到了解决。

第9章

绘本故事编程——小蛇搭桥

你看过绘本吗？有没有想过自己制作一个绘本故事呢？这一点儿都不难，跟着本章的内容一起学习吧！

本章我们将学习编写一个精彩的绘本故事——小蛇搭桥，主要讲述小蛇如何帮助森林里的小动物过河。大家需要通过场景搭建，分别完成主角小蛇的角色创建、过桥小动物的角色创建、故事场景的搭建；再通过编程，让小动物动起来，让故事"活"起来。大家快来试试吧！

9.1 故事简介

1. 故事情节梗概

有一天，雨过天晴，小蛇出门去散步，它来到森林中，看到河边的一块大石头上站满了小动物，它们想要到河对岸去，却被一条宽宽的大河挡住了去路。正当大家一筹莫展的时候，小蛇说："让我来帮你们吧，我可以将身体搭成一座桥，这样你们就可以到达对岸了。"说完，小蛇展开长长的身子，在两岸的岩石上搭成了一座长长的桥，小动物们依次通过小蛇的身体，到达了对岸。小动物们对小蛇表达了感谢，小蛇也高高兴兴地继续散步了。故事场景如图9-1所示。

图9-1

2. 一起来分析

同学们，我们该如何把"小蛇搭桥"改

编成绘本故事程序呢？在沐木编程中，每一个角色都要有对应的角色模型，想让角色动起来、会说话，还得为它们编写程序。我们来逐句分析吧，如表9-1所示。

表9-1

故事	角色（功能）
雨过天晴，小蛇出门去散步	小蛇（移动）
它来到森林中	森林场景
看到河边的一块大石头上站满了小动物	河场景、石头场景、小动物
它们想要到河对岸去，却被一条宽宽的大河挡住了去路	小动物（移动判定）
正当大家一筹莫展的时候	小动物（随机移动）
小蛇说："让我来帮你们吧，我可以将身体搭成一座桥，这样你们就可以到达对岸了。"	小蛇（对话）
小蛇展开长长的身子，在两岸的岩石上搭成了一座长长的桥	小蛇（形态变化）
小动物们依次通过小蛇的身体，到达了对岸	小动物（移动）
小动物们对小蛇表达了感谢，小蛇也高高兴兴的继续散步了	小动物（对话）、小蛇（移动）

9.2 角色

本游戏需要添加23个角色，分别是左侧岩石、右侧岩石、左岸、右岸、水面、水底、水草1、水草2、水草3、树林1、树林2、小蛇-爬行、小兔、小狗、小鸡、乌龟、河豚、鳄鱼、小鱼1、小鱼2、小鱼3、全景摄像、小蛇-搭桥，如图9-2所示。

提示：角色区中的角色名称最多只能显示4个字。

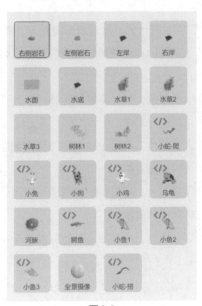

图9-2

下面分别介绍这些角色。

- 左侧岩石：绘本故事的装饰型角色，也是用于触发小蛇是否贴近岸边的判断条件，不含程序。
- 右侧岩石：绘本故事的装饰型角色，也是用于触发小蛇是否贴近岸边的判断条件，不含程序。
- 左岸：绘本故事的装饰型角色，不含程序，只起到装饰作用。
- 右岸：绘本故事的装饰型角色，不含程序，只起到装饰作用。
- 水面：绘本故事的装饰型角色，不含程序，只起到装饰作用。
- 水底：绘本故事的装饰型角色，不含程序，只起到装饰作用。
- 水草1：绘本故事的装饰型角色，由多个水草角色组合而成，不含程序，只起到装饰作用。
- 水草2：绘本故事的装饰型角色，由多个水草角色组合而成，不含程序，只起到装饰作用。
- 水草3：绘本故事的装饰型角色，由多个水草角色组合而成，不含程序，只起到装饰作用。
- 树林1：绘本故事的装饰型角色，由多个树木角色组合而成，不含程序，只起到装饰作用。
- 树林2：绘本故事的装饰型角色，由多个树木角色组合而成，不含程序，只起到装饰作用。
- 小蛇-爬行：绘本故事的主要角色，通过方向键控制小蛇的移动，上方向键—向前移动、下方向键—向后移动、左方向键—左转、右方向键—右转，到达岸边后可按空格键变换为搭桥状态的小蛇。
- 小兔：绘本故事的演出型角色，经过小蛇的帮助可以到达河对岸，在小蛇处于搭桥状态时，单击小兔可以使小兔到达河对岸。
- 小狗：绘本故事的演出型角色，经过小蛇的帮助可以到达河对岸，在小蛇处于搭桥状态时，单击小狗可以使小狗到达河对岸。
- 小鸡：绘本故事的演出型角色，经过小蛇的帮助可以到达河对岸，在小蛇处于搭桥状态时，单击小鸡可以使小鸡到达河对岸。
- 乌龟：绘本故事的装饰型角色，当程序开始运行时，会在水底按照一定规律进行移动，起到装饰作用。
- 河豚：绘本故事的装饰型角色，当程序开始运行时，会在水底按照一定规律进行移动，起到装饰作用。

- 鳄鱼：绘本故事的装饰型角色，当程序开始运行时，会在水底按照一定规律进行移动，起到装饰作用。

- 小鱼1：绘本故事的装饰型角色，当程序开始运行时，会在水底按照一定规律进行移动，起到装饰作用。

- 小鱼2：绘本故事的装饰型角色，当程序开始运行时，会在水底按照一定规律进行移动，起到装饰作用。

- 小鱼3：绘本故事的装饰型角色，当程序开始运行时，会在水底随机进行移动，起到装饰作用。

- 全景摄像：担任镜头切换任务的角色，在程序中不显示外形。在小蛇变换为搭桥状态时，视角将自动切换到全景摄像角色的驾驶视角，模拟出整体俯瞰的效果。

- 小蛇-搭桥：绘本故事的主要角色，当爬行状态的小蛇到达岸边后，可以通过按空格键变换为搭桥状态的小蛇，使其他小动物可以通过。

9.3　变量

本程序用到了3个变量，分别是"到达对岸""小动物求助""过河的小动物数量"，如图9-3所示。

下面来介绍这些变量。

图9-3

- 到达对岸：变量初始值为"0"，小蛇过河后变为"1"，用于判断小蛇处在哪一侧的岸边，是隐藏变量。

- 小动物求助：变量初始值为"0"，小蛇靠近后变为"1"，用于防止出现反复说话的情况，是隐藏变量。

- 过河的小动物数量：变量初始值为"0"，一个小动物过河后增加"1"，用于判断小动物是否全部过河，是隐藏变量。

9.4　项目制作

9.4.1　场景搭建

右键单击场景，在弹出的菜单中选择【属性】命令，将场景参数设置为【完全隐藏】，如图9-4和图9-5所示。

选择"环境"角色库中的"环境_土地"角色，添加3个"环境_土地"角色到场景中，分别作为两岸及水底，如图9-6和图9-7所示。

图9-4

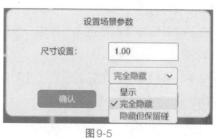

图9-5

图9-6

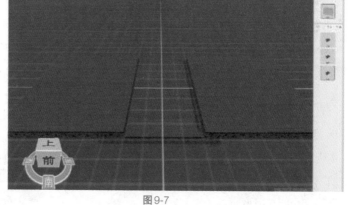

图9-7

选择【编辑】/【插入】/【图文框】命令，在场景中插入图文框，通过调整图文框的颜色及大小，模拟出水面的效果，如图9-8和图9-9所示。

图9-8

图9-9

> **提示：** 使用图文框的好处在于图文框可以调整透明度，实现观看水下角色的效果。

选用角色库中的各类角色对场景进行装饰，如为两岸添加树木、石头，为水底添加水草等，可在"环境"角色库及"植物"角色库中找到相应角色，如图9-10 ～ 图9-12所示。

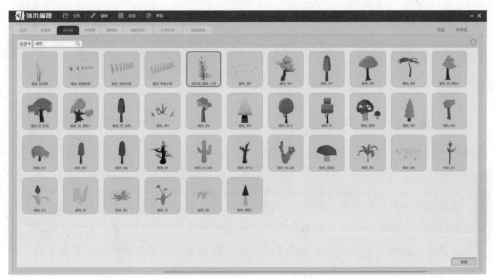

图9-10

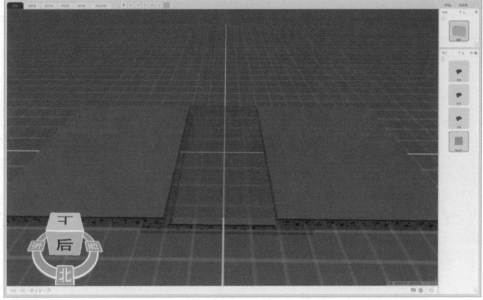

图9-11

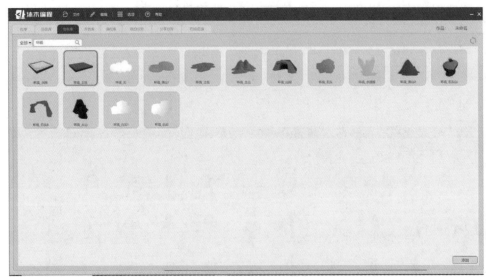

图9-12

提示：单个角色的调整与移动较为麻烦，装饰场景又需要用到大量的角色，因此可以将小部分不包含程序的角色进行组合，达到整体修改与移动的目的，减少搭建过程中的重复操作。但合并角色后该角色原有的程序会消失且合并不可以解除，因此一般用于无程序的装饰型角色中，如图9-13所示。

图9-13

通过以上操作，绘本故事的场景就搭建好了，目前场景中的各角色只起装饰作用，因此可以根据自身喜好进行增减，快来打造自己的故事场景吧，如图9-14所示。

图9-14

9.4.2 程序编写

1. 爬行状态的小蛇

角色基本功能：使用方向键可以控制小蛇移动和转向，按下不同的方向键后可以朝指定方向移动直到对应按键松开，并且当小蛇爬行到岸边时就不能继续向前移动了。在距离岸边岩石一定距离内，按空格键可以将爬行状态的小蛇隐藏，并广播"搭桥"消息，实现爬行状态小蛇与搭桥状态小蛇的显示切换。

在本程序中，变量"到达对岸"用于判断小蛇所在的位置是左岸还是右岸，以此保证在不同的岸边时小蛇都不会前行到河水中，如图9-15所示。

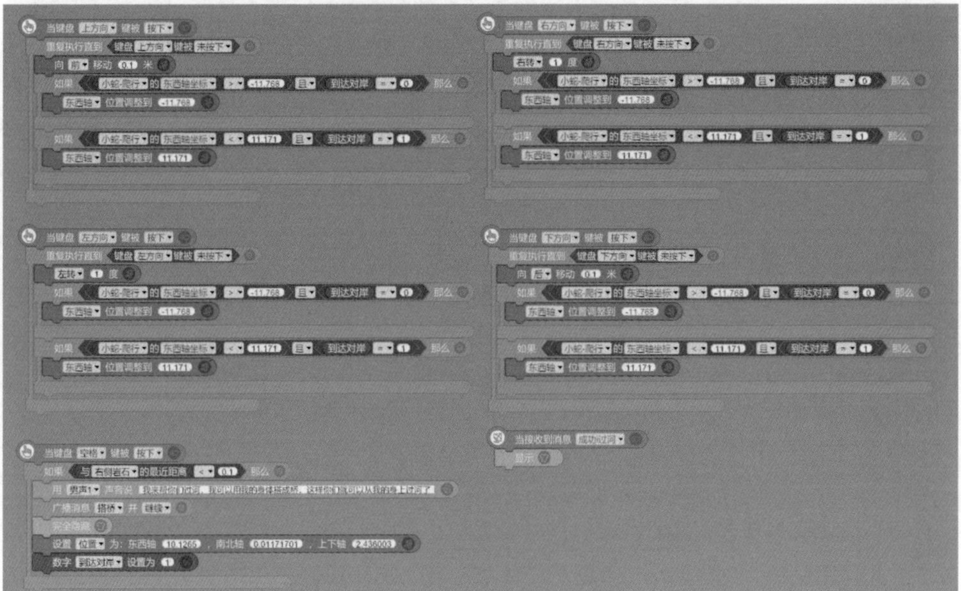

图9-15

提示: 具体移动的距离与转向的角度可以根据自身需求设置,如果需要移动及转向速度快一些,可以适当增大前进和转向的数值,注意不要使数值过大,避免出现问题。

2. 搭桥状态的小蛇

搭桥状态的小蛇在故事中作为小桥存在,可以使用"外观"模块控制其与爬行状态的小蛇的出现顺序,如图9-16所示。

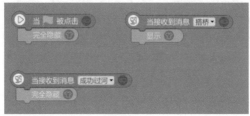

图9-16

3. 小兔

小兔作为故事中求助小蛇,并在小蛇的帮助下过河的角色存在。在程序开始时,设置其初始位置为河边。当小蛇靠近后,说出求助的话,并且通过变量"小动物求助"的数值变化实现反复侦测当小蛇靠近后再求助的效果,如图9-17所示。

图9-17

提示: 变量的引入是为了控制小动物在小蛇靠近后再求助且只求助一次,避免因与小蛇距离的判断"小于3"这个条件导致反复说话的情况发生。

思考: 如果不设置变量,会出现什么效果呢?

当小蛇变换为搭桥状态时即接收到"搭桥"消息时,小兔在被单击后从小蛇背上走到对岸。并且使变量"过河的小动物数量"增加"1",用来控制小动物全部过河后视角的切换,如图9-18所示。

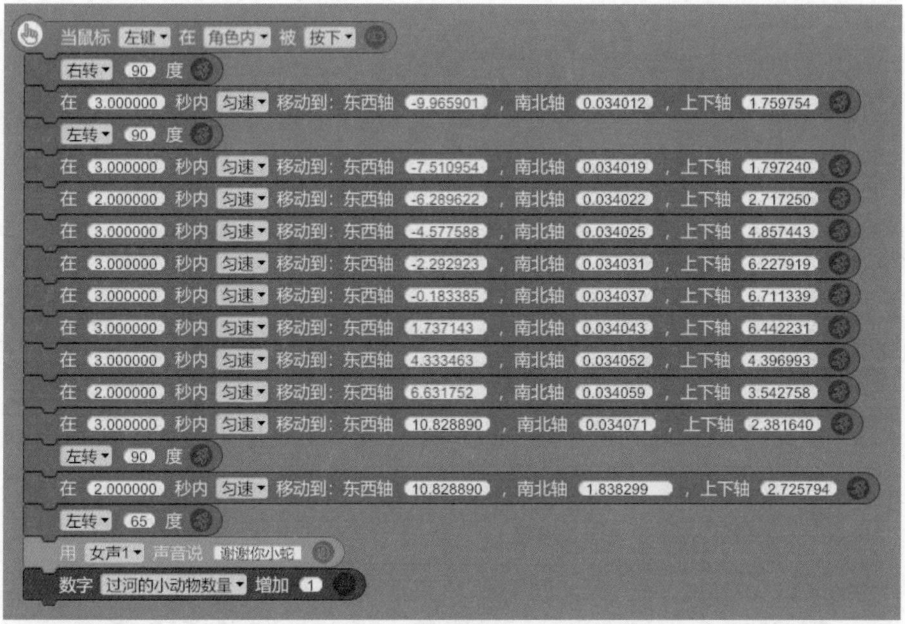

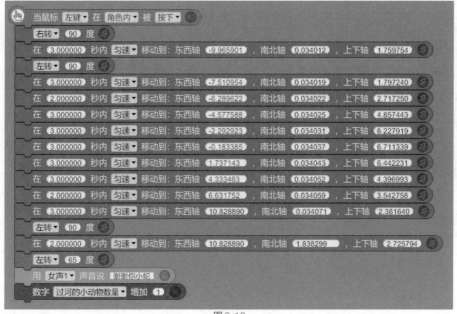

图9-18

4. 小狗

小狗与小兔的移动方式类似，需注意控制小狗到达对岸的位置，防止与小兔或小鸡重合。且求助语音由小兔、小狗或小鸡中的一个说出即可，如图9-19所示。

图9-19

5. 小鸡

小鸡与小兔的移动方式类似，需注意控制小鸡到达对岸的位置，防止与小兔或小狗重合。且求助语音由小兔、小狗或小鸡中的一个说出即可，如图9-20所示。

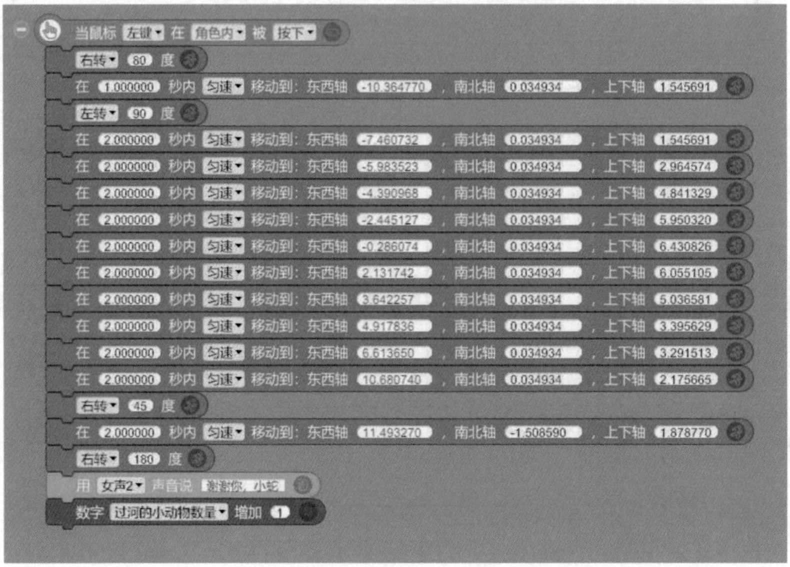

图9-20

提示：*小动物通过小蛇后背的过程使用的运动模块越多，小动物走得越准确，当运动模块增多时，要适当地减少每个模块移动时消耗的时间。*

6. 装饰型角色

程序中的乌龟、河豚、小鱼等都是为了丰富场景的装饰型角色，只需让它们按照一定的规律或随机在一定的范围内移动即可。

（1）按照规律移动。

按照规律移动只需在程序开始运行时规定好移动路线并重复执行即可，如图9-21所示。

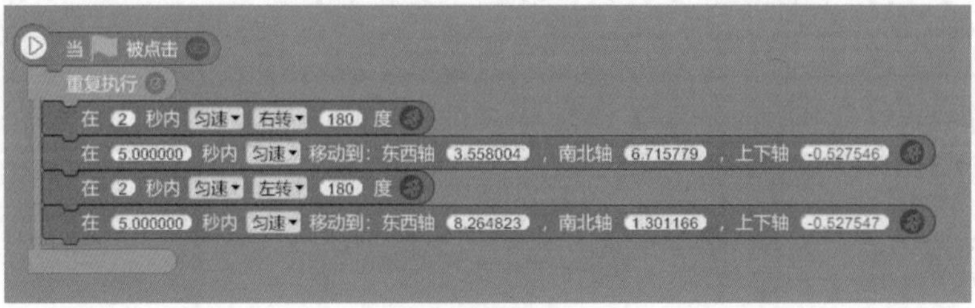

图9-21

（2）随机移动。

随机移动只需将移动方向、距离等参数调整成一个随机的范围即可，如图9-22所示。

图9-22

提示：装饰型角色的加入可以使画面更加丰富、美观，因此可以根据个人喜好添加，但添加的过程中需要注意部分角色的"自身坐标"存在问题，即程序中的前方与角色的面向方向不一致，此时需要通过世界坐标和自身坐标功能，调整角色坐标，如图9-23和图9-24所示。

图9-23

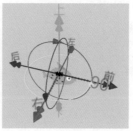

图9-24

7. 其他程序设置

当将各个角色的基本程序编写好后，需要将变量、广播等起到串联各个角色的程序进行初始化设置。将变量的初始值设为"0"，确保每次程序运行时都可以正常触发。通过广播和变量的变化控制场景视角的变化等，如图9-25所示。

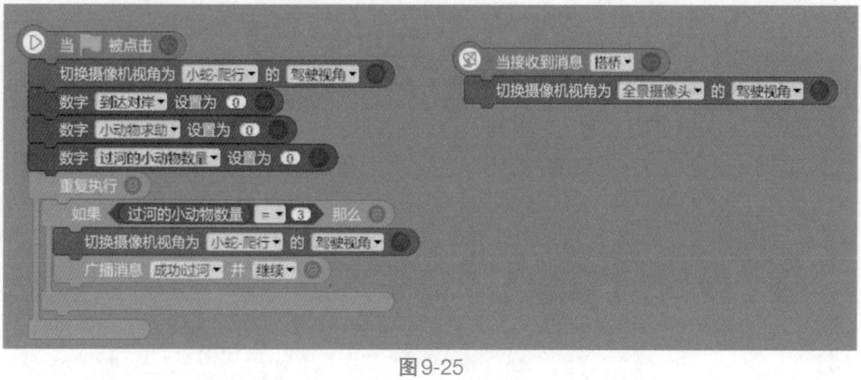

图9-25

9.5 小结

本章我们不仅学习了如何把绘本改编成绘本故事编程，还掌握了很多编程的技巧。我们一起学会了怎样通过添加角色丰富故事场景，学习了如何为角色添加代码，让角色动起来、活起来。在学习过程中，我们学习了角色移动，让小蛇可以动起来；学习了外形切换，通过外形切换实现角色变形；学习了通过广播给不同角色传递消息，以及如何设置变量等知识。本章内容很丰富，同学们快去设计属于自己的绘本故事吧！